TRAINING

Physik 9. Klasse

Für alle Wahlpflichtfächergruppen

Lorenz K. Schröfl

STARK

Autor: Lorenz K. Schröfl besitzt umfassende Unterrichtserfahrung als Realschullehrer in den Fächern Physik, Mathematik und IT. Zudem bildet er an einer Realschule in Bayern Referendare aus und arbeitet in der Schulleitung mit.
Als Autor veröffentlichte er im STARK Verlag bereits zahlreiche Unterrichtsbeiträge für die Fächer Mathematik und Physik.

www.stark-verlag.de
1. Auflage 2015

Inhalt

* Diese Teilkapitel sind für dich nur wichtig, wenn du in der Wahlpflichtfächergruppe I bist. Ansonsten kannst du diese Teilkapitel auslassen.

Autor: Lorenz K. Schröfl

Vorwort

Liebe Schülerin, lieber Schüler,

der gesamte **Lernstoff der 9. Klasse Realschule** in allen Wahlpflichtfächergruppen (I, II und III a/b) ist in diesem Buch enthalten. Mit dem Buch kannst du dich auf Leistungsnachweise in der Schule vorzubereiten, dein Können zu festigen und Wissenslücken zu schließen.
Das Übungsbuch ist folgendermaßen aufgebaut, sodass ein **selbstständiges Arbeiten** einfach möglich ist:

- In den Theoriekapiteln werden **alle Themen des Lehrplans** erklärt und verständlich dargestellt.
- In den **Merkkästen** wird das Wichtigste knapp und einprägsam zusammengefasst.
- Anhand von **Beispielen** und deren Lösung wird der Stoff veranschaulicht und dargestellt. Hier kannst du sehen, wie das Gelernte häufig abgefragt wird. Auch die Herangehensweise an Aufgaben wird ausführlich aufgezeigt.
- Zahlreiche **Übungsaufgaben** zu jedem Kapitel bieten dir die Möglichkeit, den Unterrichtsstoff selbst einzuüben. Damit kannst du testen, ob du den gelernten Stoff anwenden kannst.
- Zu jeder Aufgabe gibt es am Ende des Buchs eine **ausführlich vorgerechnete Lösung**. Damit kannst du überprüfen, ob deine Lösung richtig ist.
- Im Anhang ist das **Grundwissen aus Klasse 7 und 8** zusammengefasst. Hier kannst du als erstes nachschauen, wenn du von den letzten Schuljahren etwas nicht mehr weißt. Das **Stichwortverzeichnis** hilft dir, bestimmte physikalische Begriffe im Buch zu finden.

Ich wünsche dir gute Fortschritte beim Arbeiten mit diesem Buch und viel Erfolg in der Physik.

L. K. Schröfl

Lorenz K. Schröfl

Wärmelehre

1 Wärme, Arbeit und innere Energie

Du hast einen Schneemann gebaut und deine Hände sind kalt. Welche Möglichkeiten hast du, deren Temperatur zu erhöhen?
Du kannst beispielsweise deine Hände aneinanderreiben, sie mit einem Heizkörper in Berührung bringen oder zu einem Kaminfeuer ausstrecken.

Es gibt zwei Möglichkeiten für die **Energiezufuhr** zu einem Körper:

- Zufuhr von **Wärme Q** oder $\mathbf{W_{th}}$
  z. B. Kontakt mit einem Körper höherer Temperatur, Bestrahlung
- Verrichten von **Arbeit W**
  z. B. Reibungsarbeit, Verdichtungsarbeit, Verformungsarbeit

Einheit: $[Q] = [W_{th}] = 1$ J; $[W] = 1$ J (Joule)

In der Physik versteht man unter dem Begriff Wärme einen Energiebetrag, der von einem Körper auf einen anderen übergeht. Durch die Wärme wird also ein Vorgang der Energieübertragung beschrieben. Die Wärme ist eine **Prozessgröße**. Auch der umgekehrte Vorgang ist möglich: Der Körper kann Energie abgeben. Das ist durch Abgabe von Wärme (an einen Körper niedrigerer Temperatur) bzw. Verrichten von Arbeit (z. B. Ausdehnungsarbeit eines Gases) möglich.
Achte bei der Verwendung des Begriffs Wärme darauf, dass der physikalische Sinn erfüllt ist. Die Bedeutung des Begriffs Wärme im alltäglichen Sprachgebrauch deckt sich hiermit oft nicht.

Beispiele

1. Nenne ein Beispiel, bei dem Reibungsarbeit verrichtet wird.

   Lösung:
   Hände reiben, Bremsen, Sägen, Bohren, Feuerreiben

2. Gib ein Beispiel an, beim dem Verdichtungsarbeit verrichtet wird:

   Lösung:
   Verdichtungstakt des Verbrennungsmotors, Luftpumpe, Feuerpumpe

3. Nenne ein Beispiel, bei dem Wärme durch den Kontakt mit Körpern höherer Temperatur übertragen wird.

Lösung:
Hände an Tasse wärmen, Kochen, Wärmflasche

4. Gib ein Beispiel für Wärmestrahlung an.

Lösung:
Kamin, Lagerfeuer, Sonnenbad, Heizstrahler

Durch Wärme bzw. Verrichten von Arbeit kann man den Händen Energie zuführen. Jetzt stellt sich die nächste Frage: Auf welche Weise ist die zugeführte Energie in den Händen gespeichert?

Die **innere Energie U** eines Körpers ist die gesamte Energie, die in der **Bewegung der Teilchen** und in den **Abständen der Teilchen zueinander** gespeichert ist.
Sie entspricht der Summe von der **mittleren kinetischen Energie** aller Teilchen und der **mittleren potenziellen Energie** aller Teilchen.
$U = E_{kin} + E_{pot}$
Einheit: $[U] = 1\ J$ (Joule)

Durch die innere Energie kann der Zustand eines Körpers beschrieben werden. Deshalb handelt es sich um eine **Zustandsgröße**.
Das Adjektiv „mittlere“ muss verwendet werden, weil nicht alle Teilchen die gleiche Geschwindigkeit aufweisen und den gleichen Abstand besitzen. Es lassen sich dafür nur Mittelwerte angeben.

Zusammenfassend ist bisher bekannt, dass sich die innere Energie U durch Zufuhr von Wärme Q bzw. Verrichten von Arbeit W erhöhen lässt. Da es sich um eine Änderung (Differenz von nachher zu vorher) der inneren Energie handelt, muss dies mit ΔU (delta U) geschrieben werden.

Erster Hauptsatz der Wärmelehre
Die Zunahme der inneren Energie ΔU entspricht der Summe von zugeführter Wärme Q und verrichteter Arbeit W.
$\Delta U = Q + W$

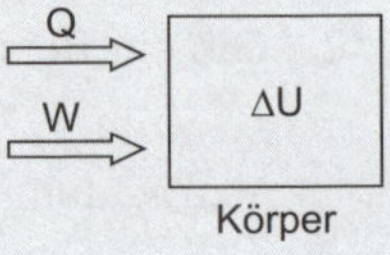

Auch der umgekehrte Vorgang ist möglich: Die innere Energie eines Körpers kann weniger werden ($\Delta U < 0$). Das ist durch Abgabe von Wärme (an einen Körper niedrigerer Temperatur) bzw. durch Verrichten von Arbeit (z. B. Ausdehnungsarbeit eines Gases) möglich.

Ein wichtiger Grundsatz der Physik ist der Energieerhaltungssatz. Dieser Satz wurde im 19. Jahrhundert von Mayer, Joule und auch Helmholtz formuliert und ist in der Wärmelehre uneingeschränkt gültig.

Allgemeiner Energieerhaltungssatz
In einem abgeschlossenen System bleibt die Summe aller Energien konstant. Energie kann also weder erzeugt noch vernichtet werden. Sie kann nur in andere Energieformen umgewandelt werden.

Auswirkungen einer höheren inneren Energie

Wird die innere Energie eines Körpers erhöht, so kann sich dies auf den kinetischen bzw. den potenziellen Anteil der inneren Energie auswirken. Dabei ergeben sich jeweils bestimmte Auswirkungen:

	höhere mittlere kinetische Energie aller Teilchen	höhere mittlere potenzielle Energie aller Teilchen
beobachtbar/ messbar	• höhere Temperatur • schnellere Durchmischung	• Zunahme von Länge und Volumen • Phasenübergang (fest zu flüssig; flüssig zu gasförmig)
Teilchen	höhere mittlere Geschwindigkeit der Teilchen (bei Gasen und Flüssigkeiten) oder heftigere Schwingung der Teilchen (bei Festkörpern)	größerer mittlerer Abstand der Teilchen

In der Regel führt eine Erhöhung der inneren Energie sowohl zu einer Erhöhung des kinetischen als auch des potenziellen Anteils.
Der umgekehrte Vorgang, also der Abnahme der inneren Energie, wirkt sich gegenteilig aus: niedrigere Temperatur, Abnahme von Länge und Volumen usw.

Es gibt jedoch eine wichtige Ausnahme. Wird einem Körper an seinem **Schmelzpunkt** oder **Siedepunkt** Energie zugeführt, wird ausschließlich der potenzielle Anteil der inneren Energie erhöht. Das ist an dem **Phasenübergang** und der konstanten Temperatur beim Schmelzen bzw. Sieden zu erkennen.

Nicht bei jedem Stoff kann sich ein Phasenübergang ereignen, z. B. bei Holz oder Zucker. Das liegt an der chemischen Struktur des Stoffs.
Weiterhin gibt es Stoffe, die Dichteanomalien aufweisen, d. h., bei Energiezufuhr nimmt ihr Volumen ab wie beispielsweise bei Wasser zwischen 0°C und 4°C.

Anwendungsbeispiele für die Auswirkungen einer höheren Energie:
- Temperatur: Feuerreiben, Kochen, Backen, Grillen
- Längen- und Volumenzunahme: Dehnungsfugen bei Brücken, Radspannwerk, Flüssigkeitsthermometer, Ausdehnungsgefäß, Sprinklerkopf, Heißluftballon
- Phasenübergang: Löten, Metall schmelzen

Beispiel

a) Gib die beiden grundsätzlichen Möglichkeiten der Energiezufuhr an.
b) An einem Körper werden durch Reibung 12,0 kJ verrichtet. Zudem nimmt der Körper 3,0 kJ von einem zweiten Körper höherer Temperatur auf. Berechne ΔU.
c) Welche messbaren und beobachtbaren Auswirkungen kann eine höhere innere Energie haben?

Lösung:

a) Die Energiezufuhr ist durch Wärme bzw. Arbeit möglich.

b) Geg.: $W = 12{,}0\ \text{kJ}$; $Q = 3{,}0\ \text{kJ}$
Ges.: ΔU

$\Delta U = Q + W$
$\Delta U = 3{,}0\ \text{kJ} + 12{,}0\ \text{kJ}$ 1 gültige Nachkommastelle [TR: 15]
$\Delta U = 15{,}0\ \text{kJ}$

Die Zunahme der inneren Energie beträgt 15,0 kJ.

c) Eine höhere innere Energie kann diese messbaren und beobachtbaren Auswirkungen haben:
- höhere Temperatur
- schnellere Durchmischung
- Zunahme von Länge und Volumen
- Phasenübergänge (fest zu flüssig; flüssig zu gasförmig)

1 Beschreibe jeweils den Vorgang und nenne eine Auswirkung der Energiezufuhr.

a) Die Temperatur eines Bohrkopfs hat durch das Bohren eines Lochs in der Wand deutlich zugenommen.
b) Die Temperatur eines Kupferblechs hat durch häufiges Biegen zugenommen.
c) Zu Silvester wird ein Stück Blei in einem Löffel mit einer Kerzenflamme erhitzt, wodurch es schmilzt.

d) In einer Feuerpumpe wird durch einen Stoß Luft so schnell verdichtet, dass Zunder entflammt wird.

e) Ein Eiswürfel schmilzt in der Hand.

f) Nina wärmt ihre Hände am offenen Kamin.

2 Wurde einem Körper Energie zugeführt, so geschieht die Speicherung in Form von innerer Energie.

a) Beschreibe den Energiebegriff anschaulich.

b) Aus welchen energetischen Bestandteilen setzt sich die innere Energie zusammen? Schreibe auch die Formel auf.

c) Handelt es sich bei der inneren Energie um eine Prozessgröße oder eine Zustandsgröße? Begründe.

d) Der erste Hauptsatz der Wärmelehre lautet als Formel $\Delta U = Q + W$.
Was ist darunter zu verstehen?

e) An einem Körper wurden 200 J Reibungsarbeit verrichtet. Zudem wurden 350 J an Wärme zugeführt.
Wie groß ist ΔU?

3 a) Nenne Auswirkungen, die du bei einer niedrigeren inneren Energie beobachten kannst.

b) Die innere Energie eines Stücks Eisen wurde durch eine Gasflamme erhöht. Wie kann man messen bzw. beobachten, dass sowohl der kinetische als auch der potenzielle Anteil der inneren Energie zugenommen haben?

c) Beschreibe physikalisch, was passiert, wenn (noch flüssigem) Wasser bei 100 °C Energie zugeführt wird. Gehe dabei sowohl auf die messbaren und beobachtbaren als auch auf die Vorgänge der Teilchen ein.

4 Der Sprinklerkopf einer Sprinkleranlage ist eine automatische Feuerlöschanlage, die zum Beispiel in Kaufhäusern und Industrieanlagen zum Einsatz kommt. Den Aufbau eines Sprinklerkopfs kannst du in der Skizze sehen.
Erkläre die Funktionsweise.

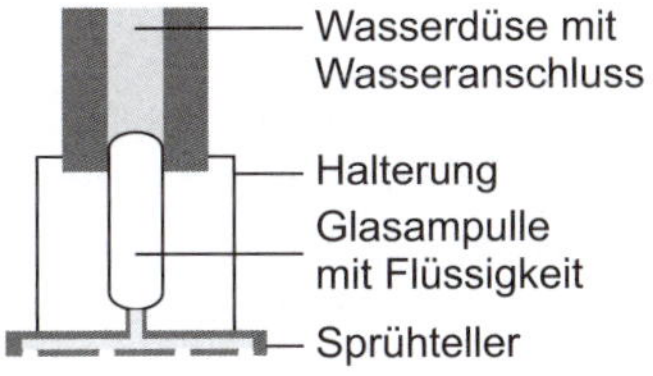

5 a) Gib zwei Beispiele an, bei denen die Volumenänderung eine Rolle spielt.

b) Erkläre den Vorgang des Lötens physikalisch. Gehe dabei insbesondere auf die Phasenübergänge des Lötzinns ein.

c) Der Heißluftballon ist auch heute noch ein beliebtes Fluggerät.
Erkläre, warum der Ballon abheben kann.

2 Temperatur und Temperaturmessgeräte

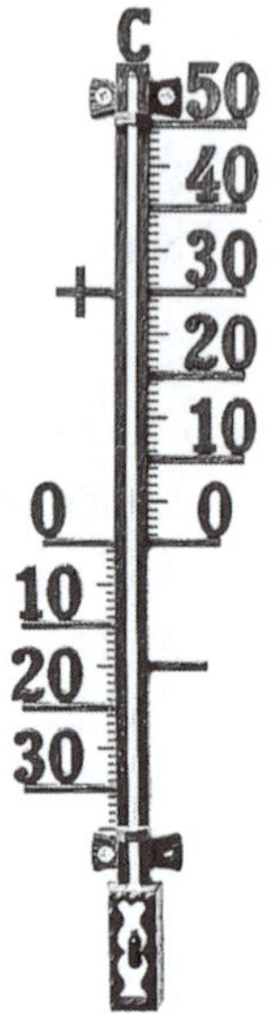

Die Temperatur ist eine alltägliche physikalische Größe. Sie prägt nicht nur unser Wetter, sondern spielt auch sonst eine wichtige Rolle: die richtige Temperatur zum Backen eines Kuchens, eine niedrige Temperatur im Tiefkühlfach, eine angemessene Badetemperatur usw.

Doch was steckt hinter dieser Größe? Einen Hinweis bekommt man durch die Beobachtung von Milch unter dem Mikroskop. In der Milch sind winzige Fetttröpfchen zu sehen, die eine andauernde Zitterbewegung ausführen. Erhöht man die Temperatur der Milch, so fällt die Bewegung der Fetttröpfchen heftiger aus. Diesen Effekt gibt es nicht nur bei Milch. Jeder Körper besteht aus Teilchen (Atome bzw. Moleküle), die sich umso schneller bewegen, je höher die Temperatur ist.

Die **Temperatur** eines Körpers ist ein Maß für die **mittlere kinetische Energie seiner Teilchen.**

Eine höhere mittlere kinetische Energie der Teilchen bedeutet bei Flüssigkeiten und Gasen eine höhere mittlere Teilchengeschwindigkeit. Bei Festkörpern besitzen die Teilchen feste Positionen; daher macht sich hier eine höhere kinetische Energie durch heftigere Schwingungen der Teilchen bemerkbar.

Celsius-Temperatur ϑ (theta)
Einheit: $[\vartheta] = 1\ °C$ (Grad Celsius)

Zur Messung der Celsius-Temperatur wird eine **Celsius-Skala** benötigt, die wie folgt definiert ist: An einem Thermoskop werden die **Temperaturfixpunkte** für schmelzendes Eis (Schmelzpunkt von Wasser) und siedendes Wasser (Siedepunkt von Wasser) markiert.

Den Abstand zwischen diesen Temperaturfixpunkten nennt man **Fundamentalabstand**. Dieser wird in 100 gleiche Teile untergliedert. Einem Teilabschnitt ordnet man die Temperaturdifferenz 1 °C zu.

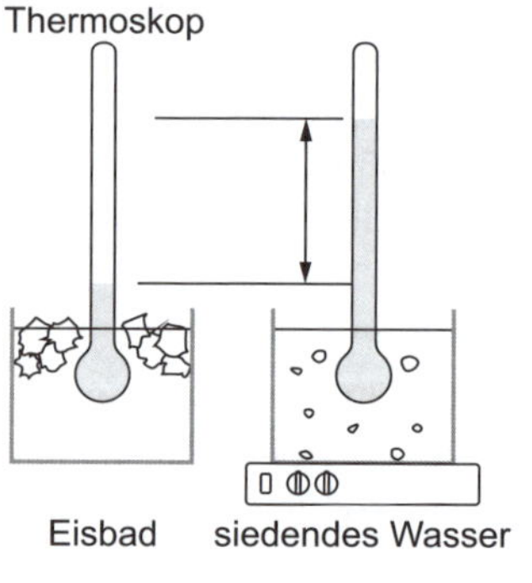

Absolute Temperatur oder **Kelvin-Temperatur T**
Einheit: [T] = 1 K (Kelvin)

Diese Temperaturskala wird häufig in der Wissenschaft verwendet. Ihr Nullpunkt wird am absoluten Temperatur-Nullpunkt bei –273,15 °C angesetzt. Folglich gibt es keine negativen Kelvin-Temperaturen.
Die Teilschritte der Skala sind identisch zur Celsius-Skala. Die Differenz 1 K kann mit der Differenz 1 °C gleichgesetzt werden.

Eine Celsius-Temperatur kann in eine Kelvin-Temperatur umgewandelt werden und umgekehrt:

- Celsius-Temperatur zu absolute Temperatur: $T = \vartheta \cdot \frac{K}{°C} + 273{,}15\ K$
- Absolute Temperatur zu Celsius-Temperatur: $\vartheta = T \cdot \frac{°C}{K} - 273{,}15\ °C$

Beispiel

Rechne die folgenden Temperaturen jeweils in die andere Einheit um.

a) 0,00 °C
b) 298,15 K
c) –115,00 °C

Lösung:

a) $T = \vartheta \cdot \frac{K}{°C} + 273{,}15\ K$

$T = 0{,}00\ °C \cdot \frac{K}{°C} + 273{,}15\ K$

$T = 0{,}00\ K + 273{,}15\ K$ 2 gültige Nachkommastellen [TR: 273,15]

$T = 273{,}15\ K$

b) $\vartheta = T \cdot \frac{°C}{K} - 273{,}15\ K$

$\vartheta = 298{,}15\ K \cdot \frac{°C}{K} - 273{,}15\ K$

$\vartheta = 298{,}15\ °C + 273{,}15\ °C$ 2 gültige Nachkommastellen [TR: 23]

$\vartheta = 25{,}00\ °C$

c) $T = \vartheta \cdot \frac{K}{°C} + 273{,}15\ K$

$T = -115{,}00\ °C \cdot \frac{K}{°C} + 273{,}15\ K$

$T = -115{,}00\ K + 273{,}15\ K$ 2 gültige Nachkommastellen [TR: 158,15]

$T = 158{,}15\ K$

Eine **Temperaturdifferenz** $\Delta\vartheta$ oder ΔT liegt vor, wenn sich die Temperatur ändert. Dabei wird die Differenz zwischen Endtemperatur (ϑ_E oder T_E) und der Anfangstemperatur (ϑ_A oder T_A) gebildet.
$\Delta\vartheta = \vartheta_E - \vartheta_A$; $\Delta T = T_E - T_A$

Nimmt die Temperatur zu ($\vartheta_E > \vartheta_A$ oder $T_E > T_A$), so erhält man eine positive Temperaturdifferenz ($\Delta\vartheta > 0$ oder $\Delta T > 0$).
Wenn die Temperatur abnimmt ($\vartheta_E < \vartheta_A$ oder $T_E < T_A$), dann bekommt man eine negative Temperaturdifferenz ($\Delta\vartheta < 0$ oder $\Delta T < 0$).

Beispiele

1. Berechne jeweils die Temperaturdifferenz.
a) Das Wasser in einem Kochtopf wird von 15 °C auf 90 °C erhitzt.
b) In der Nacht nimmt die Luft von 290,7 K auf 277,3 K ab.

Lösung:

a) Geg.: $\vartheta_A = 15\,°C$; $\vartheta_E = 90\,°C$
Ges.: $\Delta\vartheta$

$\Delta\vartheta = \vartheta_E - \vartheta_A$
$\Delta\vartheta = 90\,°C - 15\,°C$ — 0 gültige Nachkommastellen [TR: 75]
$\Delta\vartheta = 75\,°C$

b) Geg.: $T_A = 290{,}7$ K; $T_E = 277{,}3$ K
Ges.: ΔT

$\Delta T = T_E - T_A$
$\Delta T = 277{,}3\text{ K} - 290{,}7\text{ K}$ — 1 gültige Nachkommastelle [TR: –13,4]
$\Delta T = -13{,}4$ K

2. Ein Stein erfährt durch die Sonnenstrahlung die Temperaturdifferenz $\Delta\vartheta = 27{,}5\,°C$. Die Temperatur beträgt anschließend 48,5 °C. Berechne die Anfangstemperatur.

Lösung:

Geg.: $\Delta\vartheta = 27{,}5\,°C$; $\vartheta_E = 48{,}5\,°C$
Ges.: ϑ_A

$\Delta\vartheta = \vartheta_E - \vartheta_A \;\Rightarrow\; \vartheta_A = \vartheta_E - \Delta\vartheta$
$\vartheta_A = 48{,}5\,°C - 27{,}5\,°C$ — 1 gültige Nachkommastelle [TR: 21]
$\vartheta_A = 21{,}0\,°C$

Man unterscheidet zwei Arten von Thermometern:

- **Berührungsthermometer:** Diese Thermometer müssen das Messobjekt berühren, z. B. Flüssigkeits-, Bimetall-, Widerstandsthermometer.
- **Berührungslose Thermometer:** Diese Thermometer benötigen keinen Kontakt zum Messobjekt. Die Wärmestrahlung des Messobjekts wird aufgenommen und damit die zugehörige Temperatur ermittelt (Pyrometer, Wärmebildkamera).

Flüssigkeitsthermometer

Aufbau: In einem Kapillarröhrchen befindet sich eine Flüssigkeit, die sich bei Temperaturerhöhung gleichmäßig ausdehnt. Darüber ist ein Vakuum. Neben dem Röhrchen ist eine Skala angebracht, auf der zum Stand der Flüssigkeitssäule ein Wert abgelesen werden kann.

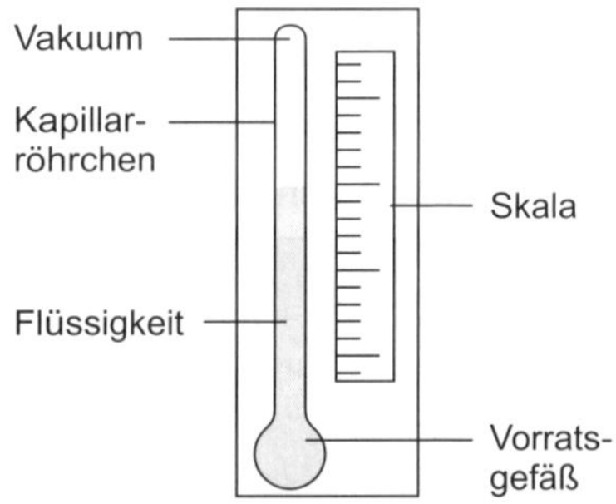

Funktionsweise:

- Die Flüssigkeit nimmt die Temperatur des Messobjekts an.
- Bei dieser Temperatur besitzt die Flüssigkeit ein bestimmtes Volumen.
- Damit weist die Flüssigkeit eine bestimmte Höhe im Kapillarröhrchen auf.
- Ein bestimmter Wert auf der Skala wird angezeigt.

Bimetallthermometer

Aufbau: An eine Bimetall-Spirale ist ein Zeiger angebracht. Die Spirale ist fest auf einer Unterlage mit einer Skala befestigt. Der Zeiger weist auf die Skala.

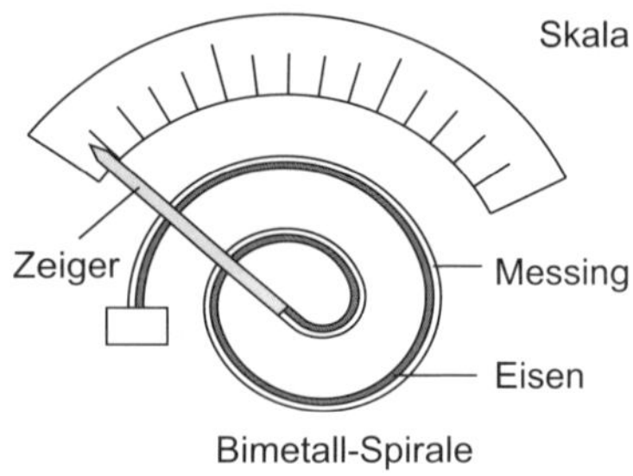

Funktionsweise:

- Das Bimetall nimmt die Temperatur des Messobjekts an.
- Bei dieser Temperatur besitzen beide Metalle eine bestimmte, aber unterschiedliche Länge.
- Die Spirale weist eine bestimmte Drehung auf.
- Der Zeiger deutet auf den entsprechenden Temperaturwert.

Widerstandsthermometer/Digitalthermometer

Ein Widerstandsthermometer besteht aus einem Sensor und der Messelektronik. In dem Sensor befindet sich ein leitfähiges Material, das von Strom durchflossen wird. Je nach Temperatur leitet das Material den Strom besser oder schlechter. Das wird elektronisch ausgewertet, die zugehörige Temperatur ermittelt und angezeigt.

In welchen Bereichen des elektromagnetischen Spektrums Strahlung emittiert wird, hängt von der Temperatur des Körpers ab:
Bei 20 °C (in der Grafik ist das der Bereich A) werden Mikrowellenstrahlung und Infrarotstrahlung emittiert. Ab ca. 600 °C (Bereich B) kommt sichtbares Licht hinzu. Ab ca. 1 000 °C (Bereich C) wird auch noch im UV-Bereich emittiert.

Hinweis: Im Alltag wird Wärmestrahlung synonym für Infrarotstrahlung verwendet. Das ist falsch. Infrarotstrahlung ist nur ein Teilbereich der Wärmestrahlung.

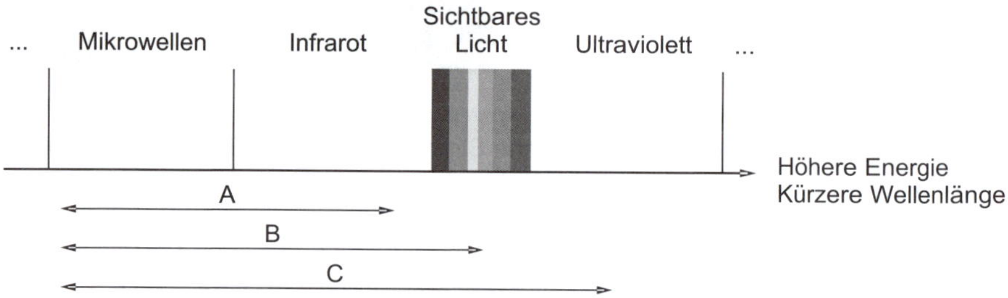

Körper mit dunkler bzw. rauer Oberfläche absorbieren und emittieren Wärmestrahlung besser als solche mit heller bzw. glänzender Oberfläche.

Anwendungen:
- dunkle Absorberflächen von Sonnenkollektoren
- Schutzkleidung im Bereich der Metallverarbeitung
- innere Verspiegelung von Thermoskannen

Beispiel

Erkläre die folgenden Beobachtungen.
a) Ab ca. 600 °C glüht Eisen rötlich. Bei 1 500 °C liegt Weißglut vor.
b) Die Oberflächentemperatur der Sonne beträgt ca. 5 500 °C. Zu langes Sonnenbaden führt zu einem Sonnenbrand.

Lösung:
a) Ab 600 °C emittieren Körper nicht nur Mikrowellenstrahlung und Infrarotstrahlung, sondern auch im sichtbaren Bereich. Der sichtbare Bereich beginnt mit der Farbe rot.
Bei 1 500 °C werden im sichtbaren Bereich auch alle weiteren Farben emittiert. Als Mischfarbe erhält man weiß.

b) Bei 5 500 °C gibt ein Körper neben der Mikrowellenstrahlung, der Infrarotstrahlung und dem sichtbaren Licht auch UV-Strahlung ab. Diese kann zu Sonnenbrand führen.

17 Eine Wärmelampe wird vor eine Folie gestellt. Hinter der Folie befindet sich ein Thermometer. Schaltet man die Wärmelampe ein, zeigt das Thermometer sofort einen Anstieg an.

a) Erkläre, warum man aus der Versuchsbeobachtung die Wärmeleitung und Konvektion ausschließen kann.

b) Welche Übertragungsform liegt vor? Gib die wesentlichen Eigenschaften dieser Wärmeübertragung an.

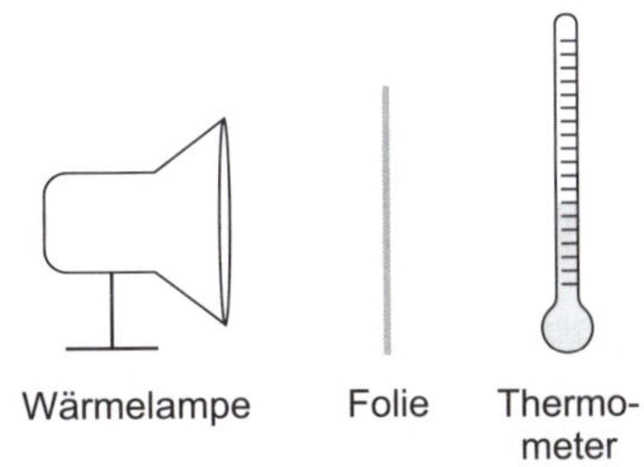

18 a) Welche Beschaffenheit muss ein Körper aufweisen, damit er möglichst viel Wärmestrahlung absorbieren kann?

b) Welche Kleidungsfarbe ist im Sommer sinnvoll und warum?

c) Erkläre, warum die Lufttemperatur an einem sonnigen Wintermorgen in schneebedeckter Landschaft nur langsam ansteigt.

d) Heizkörper sind in den meisten Fällen weiß und glatt. Begründe, ob das sinnvoll ist.

19 In der nebenstehenden Skizze kannst du den schematischen Aufbau einer Thermoskanne sehen.

a) Warum ist die Thermoskanne von innen verspiegelt?

b) Welchem Zweck dient das Vakuum in dem doppelwandigen Gefäß?

c) Gib einen Grund an, warum die Thermoskanne Wärme an die Umgebung abgibt.

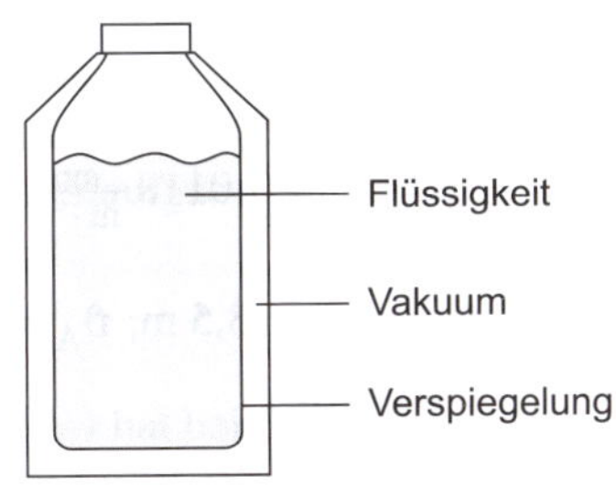

doppelwandiges Gefäß

20 Ordne die Begriffe „mit“, „ohne“ und „durch“ richtig zu.

- Durch Wärmeleitung wird Energie __________ Materie übertragen.
- Durch Konvektion wird Energie __________ Materie übertragen.
- Durch Wärmestrahlung wird Energie __________ Materie übertragen.

25 Durch ein 0,60 m langes Aluminiumrohr wird Wasser mit zunehmender Temperatur geleitet. Beginnend bei 30 °C wird nach jeder Temperaturerhöhung um 10 °C die Längenänderung gemessen.

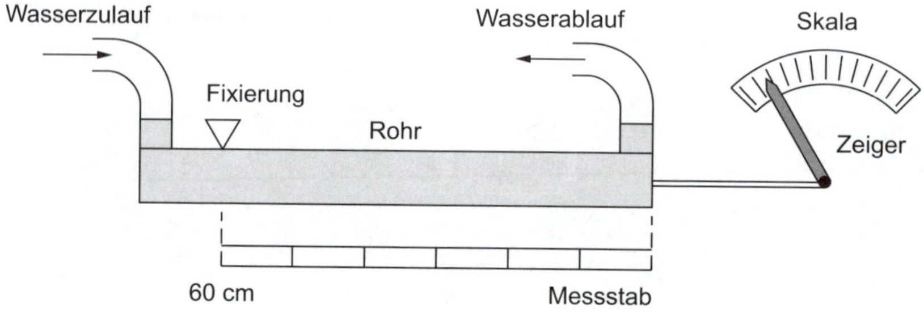

Das Ergebnis ist die folgende Messreihe:

ϑ in °C	30	40	50	60	70
$\Delta\vartheta$ in °C	–				
$\Delta\ell$ in mm	–	0,14	0,29	0,43	0,58

a) Berechne jeweils die Temperaturdifferenz $\Delta\vartheta$ zu 30°C.

b) Welchen Zusammenhang vermutest du zwischen $\Delta\ell$ und $\Delta\vartheta$? Übertrage die Tabelle und führe eine numerische Auswertung durch. Was kannst du daraus folgern?

c) Erstelle ein $\Delta\ell$-$\Delta\vartheta$-Diagramm und führe eine grafische Auswertung durch. (x-Achse: 5 °C $\triangleq$ 1 cm; y-Achse: 0,05 mm $\triangleq$ 1 cm)

d) Berechne mithilfe der kompletten Messreihe den α-Wert von Aluminium. *Hinweis:* Berechne zunächst den Mittelwert der Quotientenwerte $\frac{\Delta\ell}{\Delta\vartheta}$.

5 Volumenausdehnung von Festkörpern und Flüssigkeiten

Wird ein Festkörper, eine Flüssigkeit oder ein Gas erhitzt, so findet eine Ausdehnung in alle drei Raumrichtungen statt. Dadurch nimmt das Volumen zu.

Erfährt ein Körper einer bestimmten Stoffart (Volumenausdehnungskoeffizient γ) mit dem Anfangsvolumen V_0 die Temperaturänderung $\Delta\vartheta$, so ergibt sich die **Volumenänderung ΔV.**

$\Delta V = \gamma \cdot V_0 \cdot \Delta\vartheta$

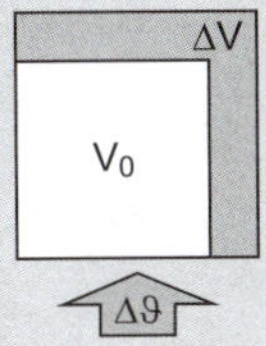

Bei einer Abnahme der Temperatur ist die Temperaturänderung negativ ($\Delta\vartheta < 0$) und damit auch die Volumenänderung negativ ($\Delta V < 0$).

Der Faktor γ heißt **Volumenausdehnungskoeffizient.** Auch die Bezeichnung Raumausdehnungskoeffizient ist üblich.

Berechnung: $\gamma = \frac{\Delta V}{V_0 \cdot \Delta\vartheta}$ Einheiten: $[\gamma] = \frac{1}{°C}$; $[\gamma] = \frac{1}{K}$

In der Regel dehnen sich Gase stärker aus als Flüssigkeiten und Flüssigkeiten stärker als Festkörper.
Der Aggregatzustand des Körpers legt fest, wie mit dem γ-Wert zu verfahren ist. Beachte dabei die folgenden Fälle.

Für **Festkörper** gilt:
Der Volumenausdehnungskoeffizient γ ist abhängig von der Stoffart und lässt sich mithilfe des Längenausdehnungskoeffizienten α berechnen. Diesen findet man in einer Formelsammlung.
Dabei gilt die Formel: $\gamma = 3\alpha$
Liegt der α-Wert noch in der Einheit $\frac{mm}{m \cdot °C}$ vor, muss vorweg die Umrechnung in die Einheit $\frac{1}{°C}$ erfolgen.

Für **Flüssigkeiten** gilt:
Der Volumenausdehnungskoeffizient γ ist abhängig von der Stoffart und kann einer Formelsammlung entnommen werden.
Hier ist zusätzlich noch diese Einheit gebräuchlich: $[\gamma] = 1\,\frac{cm^3}{dm^3 \cdot °C}$

Für **Gase** gilt:
Alle Gase dehnen sich nahezu gleich stark aus. Die Ausdehnung ist nicht von der Stoffart abhängig, sondern hängt nur von der Ausgangs- und Endtemperatur ab.

Beispiele

1. Ein Eisenquader besitzt ein Anfangsvolumen von 480 cm^3 und wird von 20 °C auf 192 °C erhitzt. Der Längenausdehnungskoeffizient von Eisen beträgt $0{,}0118 \frac{mm}{m \cdot °C}$.
Berechne die Volumenzunahme.

Lösung:
Geg.: $V_0 = 480\ cm^3$; $\vartheta_A = 20\ °C$; $\vartheta_E = 192\ °C$; $\alpha = 0{,}0118 \frac{mm}{m \cdot °C}$
Ges.: ΔV

Temperaturdifferenz

$\Delta\vartheta = \vartheta_E - \vartheta_A$

$\Delta\vartheta = 192\ °C - 20\ °C$ 0 gültige Nachkommastellen [TR: 172]

$\Delta\vartheta = 172\ °C$

Volumenausdehnungskoeffizient

$\alpha = 0{,}0118 \frac{mm}{m \cdot °C}$

$\alpha = 0{,}0118 \frac{10^{-3}\ m}{m \cdot °C}$

$\alpha = 11{,}8 \cdot 10^{-6} \frac{1}{°C}$

$\gamma = 3\alpha$

$\gamma = 3 \cdot 11{,}8 \cdot 10^{-6} \frac{1}{°C}$

$\gamma = 35{,}4 \cdot 10^{-6} \frac{1}{°C}$

Volumenänderung

$\Delta V = \gamma \cdot V_0 \cdot \Delta\vartheta$

$\Delta V = 35{,}4 \cdot 10^{-6} \frac{1}{°C} \cdot 480\ cm^3 \cdot 172\ °C$ 3 gültige Ziffern [TR: 2,922…]

$\Delta V = 2{,}92\ cm^3$

2. Ein Kanister ist mit 53,0 Litern Benzin randvoll gefüllt. Der Kanister ist der Sonnenstrahlung ausgesetzt und wird von 20,0 °C auf 34,7 °C erhitzt. Berechne, wie viele Milliliter Benzin überlaufen.

Lösung:
Geg.: $V_0 = 53{,}0\ dm^3$; $\vartheta_A = 20\ °C$; $\vartheta_E = 34{,}7\ °C$; $\gamma_B = 1{,}06 \frac{cm^3}{dm^3 \cdot °C}$
Ges.: ΔV (in $m\ell$)

Temperaturdifferenz

$\Delta\vartheta = \vartheta_E - \vartheta_A$

$\Delta\vartheta = 34{,}7\ °C - 20{,}0\ °C$ 1 gültige Nachkommastelle [TR: 14,7]

$\Delta\vartheta = 14{,}7\ °C$

Volumenänderung

$\Delta V = 1{,}06 \frac{cm^3}{dm^3 \cdot °C} \cdot 53{,}0\ dm^3 \cdot 14{,}7\ °C$ 3 gültige Ziffern [TR: 825,846]

$\Delta V = 826 \frac{cm^3}{dm^3 \cdot °C} \cdot dm^3 \cdot °C$

$\Delta V = 826\ cm^3$

$\Delta V = 826\ m\ell$

Es laufen 826 *mℓ* Benzin über.

26 Eine Betonwand ($\alpha = 0{,}012 \frac{mm}{m \cdot °C}$) besitzt die Länge 5,8 m, die Höhe 2,6 m und die Breite 2,0 dm. Die Temperatur der Wand nimmt von 40 °C auf 10 °C ab. Berechne die Volumenänderung in dm^3.

27 Eine Kugel aus Aluminium ($\alpha = 0{,}0231 \frac{mm}{m \cdot °C}$) nimmt durch eine Temperaturerhöhung von 49,09 °C um 1,54 cm^3 zu. Wie groß war das Anfangsvolumen?

28 Ein quaderförmiges Werkstück (Grundfläche: 1,20 dm^2; Höhe: 4,000 cm) weist nach einer Temperaturerhöhung um 30,0 °C eine Volumenzunahme von 0,7128 cm^3 auf.
Um welches Material könnte es sich handeln?

29 Die Temperatur eines Porzellan-Körpers ($\alpha = 3{,}00 \cdot 10^{-6} \frac{1}{°C}$) beträgt zu Beginn 15,8 °C. Durch Erhitzen nimmt das Volumen um 0,100 % zu.
Bestimme die neue Temperatur.

30 In einem Becherglas befinden sich Mineralöl mit dem Volumenausdehnungskoeffizienten $\gamma = 0{,}70 \cdot 10^{-3} \frac{1}{K}$.

a) Ein Volumen von 250 *mℓ* Mineralöl wird von 37 °C auf 12 °C abgekühlt.
Berechne die Änderung des Volumens.

b) Ein unbekanntes Volumen des Mineralöls wird um 50 °C erhitzt.
Ermittle die Volumenänderung in %.

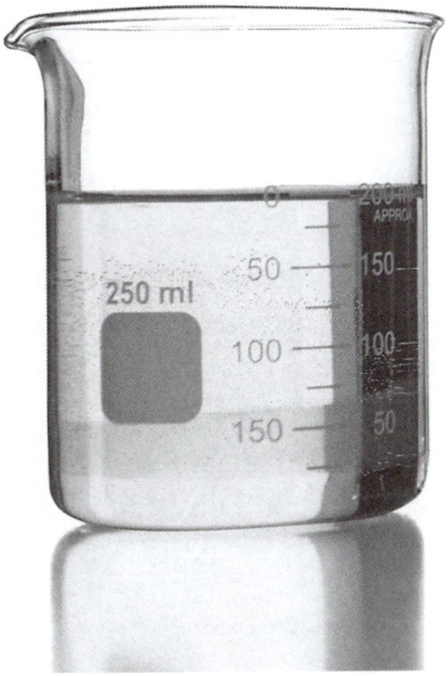

31 Ein Schwimmbecken besitzt die Länge 50,00 m, die Breite 25,00 m und die Tiefe 2,300 m. Das Wasser reicht bis 20,0 cm unter den Beckenrand. Die aktuelle Wassertemperatur beträgt 13,8 °C. Für einen Wettkampf wird die Temperatur auf 26,5 °C erhöht.
Volumenausdehnungskoeffizient Wasser: $\gamma = 0,207 \frac{cm^3}{dm^3 \cdot °C}$

a) Berechne die Volumenzunahme in Kubikmetern.

b) Um wie viele Millimeter ist der Wasserspiegel dadurch höher?

32 Die Dichte von Quecksilber hat bei 0 °C den Wert 13,595 $\frac{g}{cm^3}$.
Berechne die Dichte bei 280 °C.
Volumenausdehnungskoeffizient von Quecksilber: $\gamma = 0,1811 \frac{m\ell}{\ell \cdot °C}$
Hinweis: Rechne mit dem Volumen 1 000,0 cm^3.
Die Masse bleibt beim Erhitzen unverändert.

33 Der Stahltank in einem Einfamilienhaus besitzt ein Fassungsvermögen von 3 000 Litern und ist bis zum Rand mit Heizöl befüllt.
Wie viele Liter treten über, wenn die Temperatur von 12,0 °C auf 22,0 °C ansteigt? ($\alpha_{St} = 11,5 \cdot 10^{-6} \frac{1}{K}$; $\gamma_H = 7,0 \cdot 10^{-4} \frac{1}{K}$)
Hinweis: Der Stahltank dehnt sich aus, auch wenn es sich um einen hohlen Körper handelt. Die Wanddicke wird vernachlässigt.

[Zwischenergebnis: $\Delta V_{St} = 1,04\ \ell$]

6 Die Dichteanomalien des Wassers

Wasser ist mit allen seinen Eigenschaften für uns selbstverständlich, obwohl es zwei Besonderheiten bzw. Anomalien hat. Unter dem Begriff **Anomalie** ist die Abweichung von einer Regel zu verstehen.

- Eiswürfel schwimmen im Wasser oben.
- Wasser nimmt bei 4 °C das kleinste Volumen ein. Kühlt man es weiter ab, so dehnt es sich wieder aus.

Dichteanomalie beim Erstarren
Das Volumen von Wasser nimmt beim Erstarren zu – und damit seine Dichte ab. Aus 1,00 dm^3 Wasser (0 °C) werden ca. 1,09 dm^3 Eis (0 °C).

Bei der Ausdehnung des Wassers wirken große Kräfte, deshalb spricht man auch von der Sprengwirkung von Eis.
Zwischen den H_2O-Molekülen gibt es Wasserstoffbrückenbindungen, d. h., das H-Atom eines Moleküls und das O-Atom eines anderen Moleküls ziehen sich an. Beim Erstarren ordnen sich die H_2O-Moleküle zu einem **Gitter** an, das einen größeren Rauminhalt beansprucht.

Dichteanomalie beim Abkühlen
Das Volumen von Wasser nimmt beim Abkühlen von 4 °C bis 0 °C (flüssig) zu. Somit besitzt Wasser bei 4 °C die größte Dichte.

Die Dichte von Wasser 1,000 $\frac{kg}{dm^3}$ gilt für 4 °C.

Dieser Effekt ist gering. Aus 1 000,00 cm^3 Wasser mit 4 °C werden bei 0 °C (noch flüssig) ca. 1 000,13 cm^3. Die Volumenzunahme beträgt also nur ca. 0,013 %.
Sinkt die Temperatur von Wasser, so bilden sich vermehrt **Cluster** (Ansammlungen) von H_2O-Molekülen. Bei 4 °C nehmen die Cluster den geringsten Rauminhalt ein, somit ist die Dichte maximal. Kühlt man Wasser von 4 °C weiter ab, beginnt bereits die Bildung von Kristallstrukturen. Diese benötigen mehr Raum.

V-ϑ-Diagramm (für 1 kg Wasser)

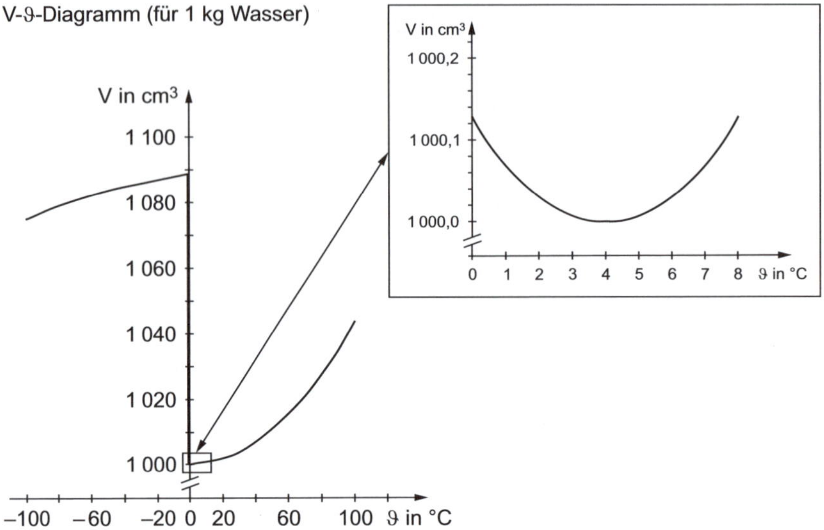

Beispiele:

- Eiswürfel schwimmen im Wasser
- Erstarrendes Wasser kann Rohrleitungen beschädigen (Wasserleitungen, Kühlwasserkreislauf des Pkws)
- Felsstürze/Absprengung von Steinbrocken (Erosion)
- Frostaufbrüche/Schlaglöcher
- Temperaturschichtung in Seen (Eisschicht oben, 4 °C am Grund)

34 In einem Versuch soll das ungewöhnliche Verhalten von Wasser dargestellt werden. Dazu wird in ein Becherglas mit flüssigem Wachs ein Stück festes Wachs gegeben. Zum Vergleich wird in ein zweites Becherglas ein Eiswürfel in Wasser gegeben.

a) Was kann man beobachten?

b) Was kann man in beiden Fällen über die Dichte von Festkörper und Flüssigkeit aussagen?

c) Welche Anomalie weist das Wasser auf? Gib auch die Erklärung hierzu an.

d) 1,00 kg Wasser besitzt bei 0 °C das Volumen 1,00 dm^3. Nach dem Erstarren zu Eis (0 °C) werden daraus 1,09 dm^3.
Berechne die Dichte von Wasser und Eis bei 0 °C.

e) Nenne zwei Beispiele, bei denen sich die Anomalie beim Erstarren auswirkt.

35 Jeden Winter entstehen an deutschen Straßen Schäden in Höhe von mehreren Milliarden Euro.
Erkläre anhand der folgenden vier Grafiken die Entstehung von Frostaufbrüchen („Schlaglöchern").

(1)
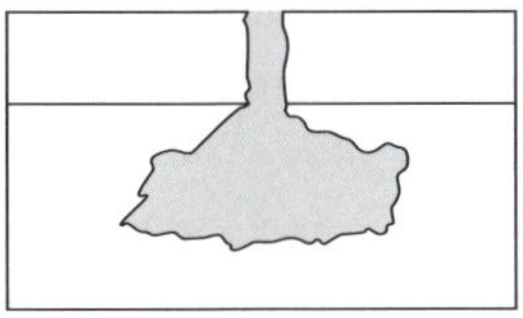

(2)
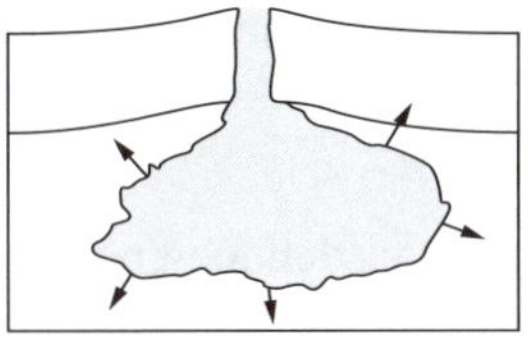

(3)
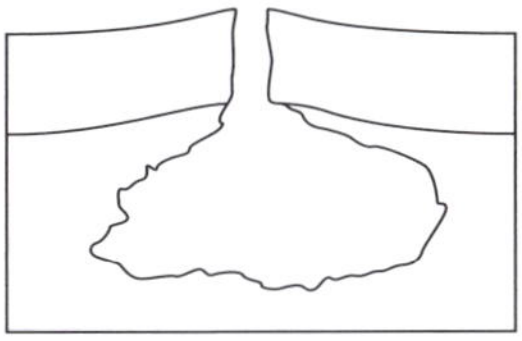

(4)
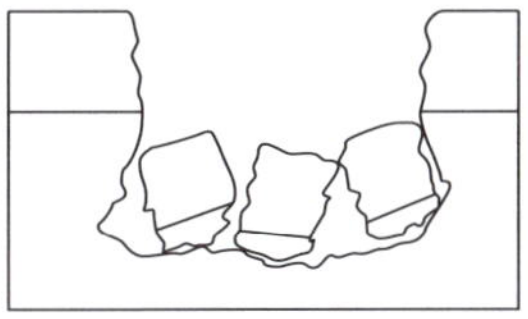

36
a) Erkläre, warum ein See von oben nach unten gefriert.

b) Das Überleben von Wassertieren ist dadurch gesichert, dass die unterste Schicht eine Temperatur von 4 °C besitzt.
Wie kommt es zu der Schichtung?

c) Selbst in einem langen und kalten Winter kann es kaum passieren, dass der See komplett erstarrt.
Erläutere, warum das so ist.

d) Überlege, was passieren würde, wenn Wasser keine der beiden Anomalien besäße.

7 Die allgemeine Gasgleichung

Der Zustand eines Gases wird mit den physikalischen Größen Temperatur, Druck und Volumen beschrieben. Beispiele für die Zusammenhänge sind:

- Presst man einen Fußball zusammen, so spürt man einen Gegendruck.
- Wird ein Strandball von der Sonnenstrahlung erhitzt, dehnt er sich aus und kann platzen.

Für die Volumenausdehnung bei Temperaturerhöhung von Gasen kann auch die Formel $\Delta V = \gamma \cdot V_0 \cdot \Delta\vartheta$ verwendet werden. Dabei ist der Volumenausdehnungskoeffizient γ von Gasen nicht von der Stoffart abhängig, sondern der γ-Wert wird nur von der Anfangstemperatur bestimmt.

Für γ gilt: $\gamma = \frac{1}{273{,}15\,°C + \vartheta_A}$ bzw. $\gamma = \frac{1}{T_A}$

Einheiten: $[\gamma] = \frac{1}{°C}$ bzw. $[\gamma] = \frac{1}{K}$

Die Formel für die Volumenausdehnung von Gasen ist nur anwendbar, wenn der Druck konstant bleibt.

Möchte man mit konkreten Werten für das Volumen und die Temperatur rechnen, und nicht mit Differenzen, so können die folgenden Gleichungen verwendet werden.

Die isobare Zustandsänderung

Bei dieser Zustandsänderung bleibt der Druck konstant. Die Temperatur und das Volumen ändern sich. Das kann man sich so veranschaulichen:

> Bei einem konstanten Druck ist das Volumen V eines Gases direkt proportional zu seiner absoluten Temperatur T.
>
> $V \sim T$ oder $\frac{V}{T} = \text{const.}$ $(p = \text{const.})$
>
> Für die Zustandsänderung gilt diese Formel:
>
> $\frac{V_1}{T_1} = \frac{V_2}{T_2}$ $(p = \text{const.})$

Wegen des konstanten Drucks handelt es sich um eine isobare Zustandsänderung. Der Zusammenhang wird als das Gesetz von **Gay-Lussac** bezeichnet.

Die isotherme Zustandsänderung

Bei dieser Zustandsänderung werden nur der Druck und das Volumen verändert. Die Temperatur bleibt konstant. Im Überblick sieht das so aus:

> Bei einer konstanten Temperatur ist der Druck p eines Gases indirekt proportional zu seinem Volumen V.
>
> $p \sim \frac{1}{V}$ oder $p \cdot V = \text{const.}$ $(T = \text{const.})$
>
> Für die Zustandsänderung gilt diese Formel:
>
> $p_1 \cdot V_1 = p_2 \cdot V_2$ $(T = \text{const.})$

Aufgrund der konstanten Temperatur spricht man von einer isothermen Zustandsänderung. Der Zusammenhang ist als das Gesetz von **Boyle-Mariotte** bekannt.

Das allgemeine Gasgesetz

Ändern sich alle drei Zustandsgrößen, so wird die Formel für das allgemeine Gasgesetz benötigt. Im Überblick sieht die Veränderung so aus:

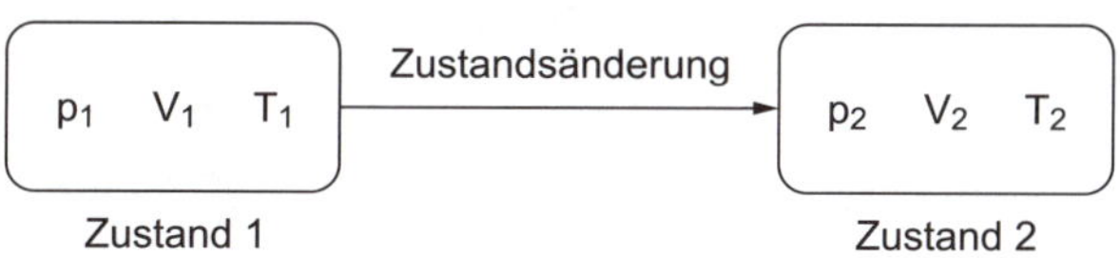

> Zustandsänderungen, bei denen sich Druck, Volumen und Temperatur eines Gases ändern, werden durch das **allgemeine Gasgesetz** beschrieben:
>
> $\frac{p_1 \cdot V_1}{T_1} = \frac{p_2 \cdot V_2}{T_2}$

Beachte, dass du in diese Formeln nicht die Celsius-Temperatur einsetzen darfst, sondern nur die absolute Temperatur (siehe Kapitel 2).

Beispiel

Ein Luftballon ist der Sonnenstrahlung ausgesetzt. Dadurch nimmt das Volumen der Luftfüllung von 3,00 dm^3 auf 3,25 dm^3 zu. Der Druck steigt von 1,20 bar auf 1,30 bar an. Die Temperatur lag zu Beginn bei 18 °C. Berechne die neue Temperatur in °C.

Lösung:

Geg.: $V_1 = 3{,}00\ dm^3$; $V_2 = 3{,}25\ dm^3$; $p_1 = 1{,}20\ bar$; $p_2 = 1{,}30\ bar$; $\vartheta_1 = 18\ °C$

Ges.: ϑ_2 (in °C)

$\vartheta_1 = 18\ °C \Rightarrow T_1 = 291\ K$

$$\frac{p_1 \cdot V_1}{T_1} = \frac{p_2 \cdot V_2}{T_2}$$

$$\Rightarrow \frac{T_1}{p_1 \cdot V_1} = \frac{T_2}{p_2 \cdot V_2}$$

$$\Rightarrow T_2 = \frac{T_1 \cdot p_2 \cdot V_2}{p_1 \cdot V_1}$$

$$T_2 = \frac{291\ K \cdot 1{,}30\ bar \cdot 3{,}25\ dm^3}{1{,}20\ bar \cdot 3{,}00\ dm^3}$$ 3 gültige Ziffern [TR: 341,5...]

$$T_2 = 342\ \frac{K \cdot bar \cdot dm^3}{bar \cdot dm^3}$$

$$T_2 = 342\ K$$

$T_2 = 342\ K \Rightarrow \vartheta_2 = 69\ °C$

37 Eine Sauerstoffflasche für die Notfallbeatmung enthält ein Gasvolumen von 5,00 ℓ, das unter einem Druck von 180 bar steht. Der Sauerstoff wird für einen Einsatz benötigt und strömt aus. Der Umgebungsdruck beträgt 1 013 hPa. Die Temperatur beim Ausströmen bleibt konstant.

a) Wie bezeichnet man diese Zustandsänderung?

b) Wie viele Liter Sauerstoff können aus der Flasche entweichen, wenn 5,00 ℓ in der geöffneten Sauerstoffflasche verbleiben?

38 Ein Klassenzimmer besitzt die Länge 15,0 m, die Breite 8,00 m und die Höhe 3,00 m. Ein Fenster ist gekippt. In der Nacht sinkt die Lufttemperatur im Raum von 22 °C auf 10 °C ab.

a) Um welche Zustandsänderung handelt es sich?

b) Wie viele Liter Luft strömen in den Raum?
Hinweis: Berechne zunächst das neue Luftvolumen im Raum.

39 Ein Autoreifen besitzt ein luftgefülltes Innenvolumen von 50,0 Litern bei einer Temperatur von 15 °C. Mit dem Reifendruck-Manometer an der Tankstelle wurden 1,9 bar ermittelt. Der Luftdruck beträgt 1,0 bar.
Durch eine Fahrt wurden der Reifen und die darin enthaltene Luft um 42 °C erhitzt. Das Volumen ist geringfügig auf 51,3 Liter angestiegen.
Berechne den neuen Reifendruck.
Hinweis: Das Reifendruck-Manometer zeigt den Überdruck relativ zum Luftdruck an.

40 Beim Stratosphärensprung von Felix Baumgartner wurde für den Aufstieg ein Heliumballon verwendet. Beim Start befanden sich darin 5 000 m^3 Helium bei 24 °C und 955 hPa. In 39 km Höhe betrug der Druck nur noch 10 hPa und die Temperatur –26 °C.

a) Ermittle, wie groß das Volumen in 39 km Höhe war.

b) Berechne, um welchen Faktor das Volumen zugenommen hat.

41 In einem abgeschlossenen Gasvolumen ist eine bestimmte Anzahl Teilchen enthalten. Bei einer bestimmten Temperatur besitzen die Teilchen eine bestimmte mittlere Geschwindigkeit.
Erkläre mithilfe des Teilchenmodells die Volumenzunahme bei einer Temperaturerhöhung.

42

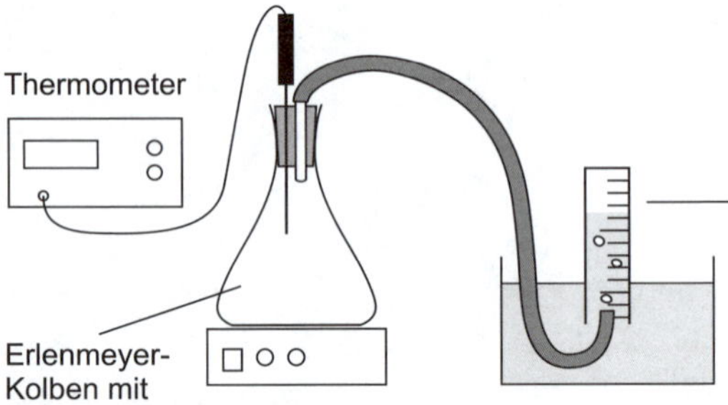

In einem Gefäß befinden sich 300 $m\ell$ Luft mit 0 °C. Die Temperatur wird schrittweise erhöht und die Volumenänderung gemessen. Als Ergebnis erhält man die folgende Messreihe.

ϑ in °C	0	50	100	150	200
V in cm^3	300				
ΔV in cm^3	0	54	110	164	220

a) Berechne mithilfe der Volumenänderung jeweils das Volumen V.

b) Bestimme den Volumenausdehnungskoeffizienten γ mithilfe der Formel $\Delta V = \gamma \cdot V_0 \cdot \Delta\vartheta$. Verwende dazu die Veränderung zwischen 0 °C und 200 °C. Bilde auch den Kehrwert von γ. Beschreibe, was auffällt.

c) Erstelle ein V-ϑ-Diagramm und trage die Werte ein. Welchem geometrischen Objekt entspricht der Graph? Kann daraus eine direkte Proportionalität zwischen V und ϑ gefolgert werden?
(x-Achse: –300 °C bis 200 °C; 50 °C $\triangleq$ 1 cm ; y-Achse: 100 $cm^3 \triangleq$ 1 cm)

d) Verlängere die Strecke, bis du die ϑ-Achse schneidest. Erkläre, welche anschauliche Bedeutung dieser Schnittpunkt hat.

e) Verschiebe die V-Achse zu dem Schnittpunkt aus der vorherigen Teilaufgabe. Nenne die Temperaturskala, die man von dort aus antragen kann. Was kann man daraus folgern?

8 Das Erwärmungsgesetz

Durch Wärme bzw. Arbeit wird die innere Energie eines Körpers erhöht und eine Auswirkung einer größeren inneren Energie ist die Temperaturerhöhung des Körpers. Wie groß die Wärmemenge ist, um bei einem Körper eine bestimmte Temperaturerhöhung zu bewirken, lässt sich berechnen.

Die erforderliche Wärmemenge Q oder W_{th}, um bei einem Körper bestimmter Stoffart (spezifische Wärmekapazität c) mit der Masse m die Temperaturänderung $\Delta\vartheta$ zu erreichen, kann man mit dem **Erwärmungsgesetz** berechnen.

$Q = W_{th} = c \cdot m \cdot \Delta\vartheta$

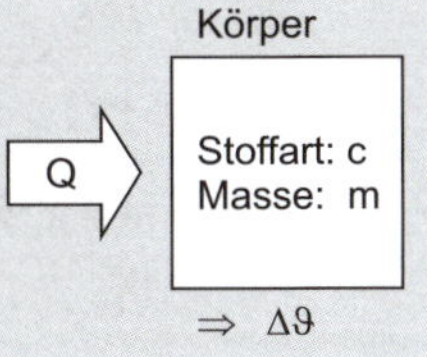

Ist zunächst nur das Volumen des Körpers bekannt, so muss mit der Dichte-Formel die Masse berechnet werden.
Durch den Entzug von Wärme ($Q < 0$) ergibt sich eine negative Temperaturänderung ($\Delta\vartheta < 0$), also eine Abnahme der Temperatur.

Die **spezifische Wärmekapazität c** ist von der Stoffart abhängig. Diese gibt an, wie viel Wärme in kJ nötig ist, um die Temperatur von 1 kg einer bestimmten Stoffart um 1 °C zu erhöhen.

$c = \frac{Q}{m \cdot \Delta\vartheta}$

Einheit: $[c] = 1\,\frac{kJ}{kg \cdot °C}$

Für Wasser besitzt die spezifische Wärmekapazität den Wert $4{,}182\,\frac{kJ}{kg \cdot °C}$. Um 1 kg Wasser um 1 °C zu erhitzen, wird also die Wärmemenge 4,182 kJ benötigt.

Beispiel

a) Ein Aluminium-Körper mit der Masse 3,00 kg wird von 21,5 °C auf 341,8 °C erhitzt.
Berechne die erforderliche Wärme Q (Aluminium: $c = 0{,}896\,\frac{kJ}{kg \cdot °C}$).

b) Der Körper hat nach ein paar Minuten 200 kJ Wärme an die Umgebung abgegeben.
Berechne seine neue Temperatur.

Lösung:

a) Geg.: $m = 3{,}00\ kg$; $\vartheta_A = 21{,}5\ °C$; $\vartheta_E = 341{,}8\ °C$; $c = 0{,}896\ \frac{kJ}{kg \cdot °C}$
Ges.: Q

$$\Delta\vartheta = \vartheta_E - \vartheta_A$$

$$\Delta\vartheta = 341{,}8\ °C - 21{,}5\ °C$$ 1 gültige Nachkommastelle [TR: 320,3]

$$\Delta\vartheta = 320{,}3\ °C$$

$$Q = c \cdot m \cdot \Delta\vartheta$$

$$Q = 0{,}896\ \frac{kJ}{kg \cdot °C} \cdot 3{,}00\ kg \cdot 320{,}3\ °C$$ 3 gültige Ziffern [TR: 860,9…]

$$Q = 861\ kJ$$

b) Geg.: $m = 3{,}00\ kg$; $c = 0{,}896\ \frac{kJ}{kg \cdot °C}$; $\vartheta_A = 341{,}8\ °C$; $Q = -200\ kJ$
Ges.: ϑ_E

$$Q = c \cdot m \cdot \Delta\vartheta \quad \Rightarrow \quad \Delta\vartheta = \frac{Q}{c \cdot m}$$

$$\Delta\vartheta = \frac{-200\ kJ}{0{,}896\ \frac{kJ}{kg \cdot °C} \cdot 3{,}00\ kg}$$ 3 gültige Ziffern [TR: – 74,404…]

$$\Delta\vartheta = -74{,}4\ \frac{kJ}{\frac{kJ}{kg \cdot °C} \cdot kg}$$

$$\Delta\vartheta = -74{,}4\ \frac{kJ}{\frac{kJ}{°C}}$$

$$\Delta\vartheta = -74{,}4\ kJ \cdot \frac{°C}{kJ}$$

$$\Delta\vartheta = -74{,}4\ °C$$

$$\Delta\vartheta = \vartheta_E - \vartheta_A \quad \Rightarrow \quad \vartheta_E = \Delta\vartheta + \vartheta_A$$

$$\vartheta_E = -74{,}4\ °C + 341{,}8\ °C$$ 1 gültige Nachkommastelle [TR: 267,4]

$$\vartheta_E = 267{,}4\ °C$$

43 a) Was bedeutet die Angabe $c = 4{,}182\ \frac{kJ}{kg \cdot °C}$ für Wasser anschaulich?

b) Erläutere mithilfe deiner Überlegungen aus Teilaufgabe a, wie viel Wärme nötig ist, um 2 kg Wasser um 1 °C zu erhitzen?

c) 1,00 kg Wasser wird von 20,0 °C auf 30,0 °C erwärmt.
Berechne mit dem Erwärmungsgesetz, wie viel Wärme zugeführt werden muss.
[Ergebnis: 41,8 kJ]

d) Wie viele Kilogramm Blei ($c = 0{,}129\ \frac{kJ}{kg \cdot °C}$) könnten mit der in Teilaufgabe c berechneten Wärme von 20,0 °C auf 30,0 °C erhitzt werden? Vergleiche das Ergebnis mit dem aus Teilaufgabe a.

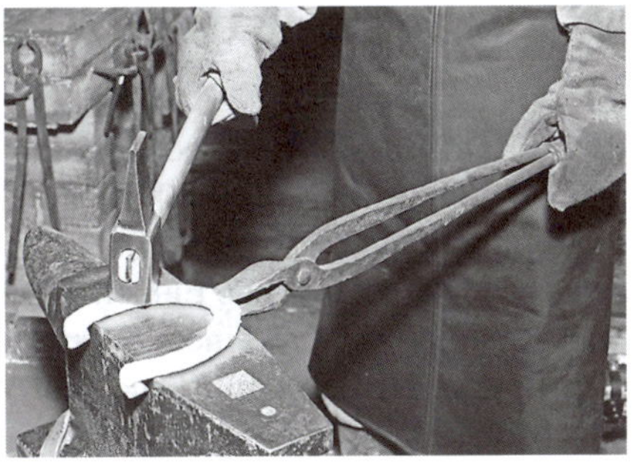

44 Ein Hufeisen aus Stahl mit der Masse 300 g wird nach dem Schmieden durch das kurze Eintauchen in einen Eimer mit Wasser von 700 °C auf 20 °C abgekühlt (Stahl: $c = 0{,}477\ \frac{kJ}{kg \cdot °C}$).

a) Wie viel Wärme gibt das Hufeisen dabei ab? [Ergebnis: –97,3 kJ]

b) Beschreibe, durch welchen Vorgang die Wärme abgegeben wird.

c) In dem Eimer befinden sich 2,00 kg Wasser. Vor dem Eintauchen beträgt die Wassertemperatur 13,7 °C. Berechne die neue Wassertemperatur.

45 Einem unbekannten Material der Masse 1,30 kg wurden in einem Experiment 22,26 kJ zugeführt. Daraufhin stieg die Temperatur um 39,0 K an.
Um welches Material könnte es sich handeln?

46 2,5 Litern Ethanol ($\rho = 0{,}789\ \frac{kg}{dm^3}$; $c = 2{,}428\ \frac{kJ}{kg \cdot °C}$) werden 120,3 kJ zugeführt. Danach beträgt die Temperatur 53,5 °C.
Berechne die Temperatur vor der Energiezufuhr.
Hinweis: Ermittle zunächst die Masse des Ethanols.

47 In einem Experiment wird der Zusammenhang zwischen zugeführter Wärme und Temperaturänderung untersucht. In einem Kalorimetriegefäß sind 0,25 kg Wasser. Mit einem Tauchsieder (300 W) wird Wärme zugeführt. Bei 30 °C wird die Uhr gestartet. Nach jeder Temperaturänderung von 10 °C wird die Zeit gemessen.

ϑ in °C	30	40	50	60	70
$\Delta\vartheta$ in °C					
t in s	0	35	70	104	138
Q in kJ					

a) Berechne jeweils die Temperaturdifferenz $\Delta\vartheta$ und die zugeführte Wärme Q.
Hinweis: Die Angabe 300 Watt bedeutet, dass pro Sekunde 300 Joule = 0,300 kJ an Wärme zugeführt werden.

b) Welchen Zusammenhang vermutest du zwischen Q und $\Delta\vartheta$? Führe eine numerische Auswertung durch. Was kannst du daraus folgern?

c) Erstelle ein Q-$\Delta\vartheta$-Diagramm und führe eine grafische Auswertung durch. (x-Achse: 5 °C ≙ 1 cm; y-Achse: 5 kJ ≙ 1 cm)

d) Berechne mit der kompletten Messreihe die spezifische Wärmekapazität von Wasser, indem du zuerst den Mittelwert der Quotientenwerte $\frac{Q}{\Delta\vartheta}$ bestimmst.

Bei den beiden Körpern sind alle Kombinationsmöglichkeiten von Festkörpern, Flüssigkeiten und Gasen denkbar. Zwischen Gasen und zwischen Flüssigkeiten kann sich zudem eine Durchmischung ereignen.

Beispiel

In eine Badewanne werden 30 Liter mit 60 °C und 60 Liter mit 20 °C geleitet.

a) Wie lässt sich in diesem Fall die Formel für die Mischungstemperatur vereinfachen?

b) Berechne die Mischungstemperatur ϑ_m.

Lösung:

a) Bei den vermischten Körpern handelt es sich jeweils um Wasser. Somit gilt: $c_w = c_k$

Damit lässt sich die Formel vereinfachen:

$$\vartheta_m = \frac{c_w \cdot m_w \cdot \vartheta_w + c_k \cdot m_k \cdot \vartheta_k}{c_w \cdot m_w + c_k \cdot m_k} \quad \text{mit } c_w = c_k$$

$$\vartheta_m = \frac{c_w \cdot m_w \cdot \vartheta_w + c_w \cdot m_k \cdot \vartheta_k}{c_w \cdot m_w + c_w \cdot m_k}$$

$$\vartheta_m = \frac{c_w \cdot (m_w \cdot \vartheta_w + m_k \cdot \vartheta_k)}{c_w \cdot (m_w + m_k)}$$

$$\vartheta_m = \frac{m_w \cdot \vartheta_w + m_k \cdot \vartheta_k}{m_w + m_k}$$

b) Geg.: $V_w = 30\ \ell$; $\vartheta_w = 60\ °C$; $V_k = 60\ \ell$; $\vartheta_w = 20\ °C$

Ges.: ϑ_m

$V_w = 30\ \ell \Rightarrow m_w = 30\ kg$

$V_k = 60\ \ell \Rightarrow m_k = 60\ kg$

Für Wasser gilt: $\rho = 1{,}000\ \frac{kg}{dm^3}$

$$\vartheta_m = \frac{m_w \cdot \vartheta_w + m_k \cdot \vartheta_k}{m_w + m_k}$$

$$\vartheta_m = \frac{30\ kg \cdot 60\ °C + 60\ kg \cdot 20\ °C}{30\ kg + 60\ kg}$$

2 gültige Ziffern [TR : 33,3...]

$\vartheta_m = 33\ °C$

51

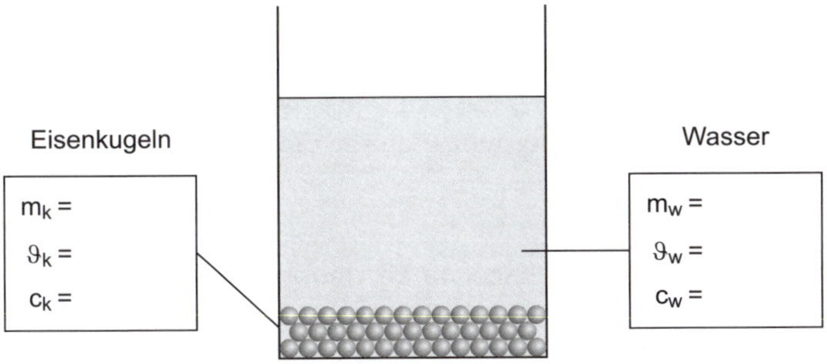

In einem Becherglas befinden sich 0,50 kg Eisenkugeln ($c = 0{,}439\ \frac{kJ}{kg \cdot °C}$) mit der Temperatur 20 °C. Dazu werden 0,25 kg Wasser ($c = 4{,}182\ \frac{kJ}{kg \cdot °C}$) mit 80 °C gegeben. Nach kurzer Zeit hat sich eine einheitliche Mischungstemperatur gebildet.

a) Übertrage die Skizze und vervollständige sie.

b) Berechne die Mischungstemperatur.

c) Welcher Körper hatte den größeren Einfluss auf die Mischungstemperatur? Woran liegt das?

d) Die gemessene Mischungstemperatur war um 3 °C niedriger als der berechnete Wert von Teilaufgabe b.
Gib hierfür zwei mögliche Ursachen an.

e) Welche Änderung könnte an den Versuchsbedingungen vorgenommen werden, damit die Diskrepanz geringer als 3 °C ausfällt?

52 Ein tiefgefrorenes 200-g-Steak ($c = 1{,}5\ \frac{kJ}{kg \cdot °C}$) mit der Temperatur –20 °C soll in einer Schüssel mit 300 ml Wasser der Temperatur 12 °C aufgetaut werden.
Berechne die Mischungstemperatur.
(Die Veränderung der spezifischen Wärmekapazität des Steaks bei diesem Vorgang wird vernachlässigt.)

53 Bei einer backfrischen Pizza kann man sich die Zunge an einer ganzen oder geschnittenen Tomate „verbrennen“, jedoch kaum am Pizzaboden. Dabei weist die Pizza an jeder Stelle eine einheitliche Temperatur auf.
Erkläre den Unterschied.

54 In einem Thermosgefäß befinden sich 0,50 kg Wasser mit unbekannter Temperatur. Dazu werden 0,50 kg Wasser mit 30 °C gegeben. Durch das Mischen ergeben sich 52 °C.

a) Wie kann die Formel für die Mischungstemperatur in diesem Fall vereinfacht werden?
[Ergebnis: $\vartheta_m = \frac{\vartheta_w + \vartheta_k}{2}$]

b) Wie hoch war die Temperatur des Wassers im Thermosgefäß zu Beginn?

55 Für die Zubereitung eines Tees werden 150 $m\ell$ Wasser ($c_w = 4{,}182\ \frac{kJ}{kg \cdot °C}$) mit der Temperatur 85,9 °C in eine Porzellantasse ($c = 0{,}80\ \frac{kJ}{kg \cdot °C}$) mit der Temperatur 20,0 °C gegossen. Nach kurzer Zeit ergibt sich die Mischungstemperatur 75,3 °C.

a) Löse die Formel für die Mischungstemperatur nach m_k auf.
[Ergebnis: $m_k = \frac{c_w \cdot m_w \cdot \vartheta_m - c_w \cdot m_w \cdot \vartheta_w}{c_k \cdot \vartheta_k - c_k \cdot \vartheta_m}$]

b) Berechne die Masse der Tasse in Gramm.

56 Leite mit den folgenden Gesetzmäßigkeiten die Formel für die Mischungstemperatur her.

(1) $Q_{ab} = c_w \cdot m_w \cdot (\vartheta_m - \vartheta_w)$

(2) $Q_{auf} = c_k \cdot m_k \cdot (\vartheta_m - \vartheta_k)$

(3) $Q_{ab} + Q_{auf} = 0$

11 Verdampfen, Sieden und Verdunsten

Es ist allgemein bekannt, dass Wasser bei 100 °C siedet. An diesem Siedepunkt geht die Flüssigkeit Wasser in den gasförmigen Zustand über.
Doch wie kann Wäsche auf der Leine trocknen? Obwohl die Temperatur deutlich niedriger als 100 °C ist, geht dennoch Wasser in den gasförmigen Zustand über, und trockene Wäsche bleibt zurück. Es gibt also nicht nur eine Möglichkeit für den Übergang in den gasförmigen Zustand.

Als **Verdampfen** wird der Vorgang bezeichnet, bei dem eine Flüssigkeit in den gasförmigen Zustand übergeht. Es gibt zwei Möglichkeiten des Verdampfens: das **Verdunsten** und das **Sieden**.

Sieden ist ein physikalischer Ausdruck, der nichts anderes als kochen in der Umgangssprache bezeichnet.

Das Verdampfen am Siedepunkt wird **Sieden** genannt.

Der Siedepunkt einer Flüssigkeit hängt maßgeblich von der **Stoffart** ab. Unter Normaldruck (1 013 hPa) siedet Sauerstoff bei –196 °C, Wasser bei 100 °C und das Metall Wolfram erst bei 5 930 °C.

Die Siedetemperatur ist zudem vom **Luftdruck** abhängig. Ein geringerer Luftdruck bewirkt eine niedrigere Siedetemperatur.
Der Zusammenhang zwischen Luftdruck und Siedetemperatur wird durch die Dampfdruckkurve (p-ϑ-Diagramm) dargestellt. In dem Diagramm ist die Dampfdruckkurve von Wasser dargestellt.
Bei 1 013 hPa ist die Siedetemperatur von Wasser 100 °C, bei 500 hPa ist sie ca. 80 °C.

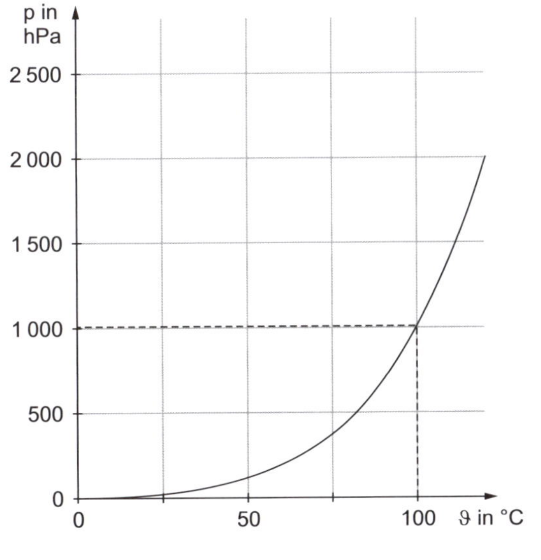

59 a) Sicherlich kennst du die folgende Situation: Im Schwimmbad steigst du aus dem Wasser und frierst innerhalb kurzer Zeit. An der Lufttemperatur liegt dies aber nicht, denn diese hat deutlich über 20 °C. Für dich fühlt es sich aber wesentlich kälter an.
Erkläre diesen Effekt auch mithilfe des Teilchenmodells.

b) In arabischen Ländern werden seit Jahrhunderten poröse Tonkrüge zur Kühlung von Wasser verwendet.
Erkläre, wie diese Methode der Kühlung funktioniert.

c) Nenne die vorteilhaften Bedingungen für das Trocknen von Wäsche.

60 Die meisten Säugetiere und Vögel können ihre Körpertemperatur konstant halten, unabhängig von den äußeren Bedingungen. Diese Fähigkeit wird Thermoregulation genannt. Nur wenige Grad Celsius mehr oder weniger können schädlich oder sogar tödlich sein.

a) Die Thermoregulation des Menschen (und auch der Primaten) erfolgt unter anderem durch das Schwitzen. Jeder Mensch besitzt zwei bis vier Millionen Schweißdrüsen.
Erkläre, wie Wärme durch Schwitzen an die Umgebung abgegeben werden kann.

b) Hunde besitzen dagegen sehr wenige Schweißdrüsen. Ihre Thermoregulation erfolgt über das Maul.
Beschreibe und erkläre den Vorgang.

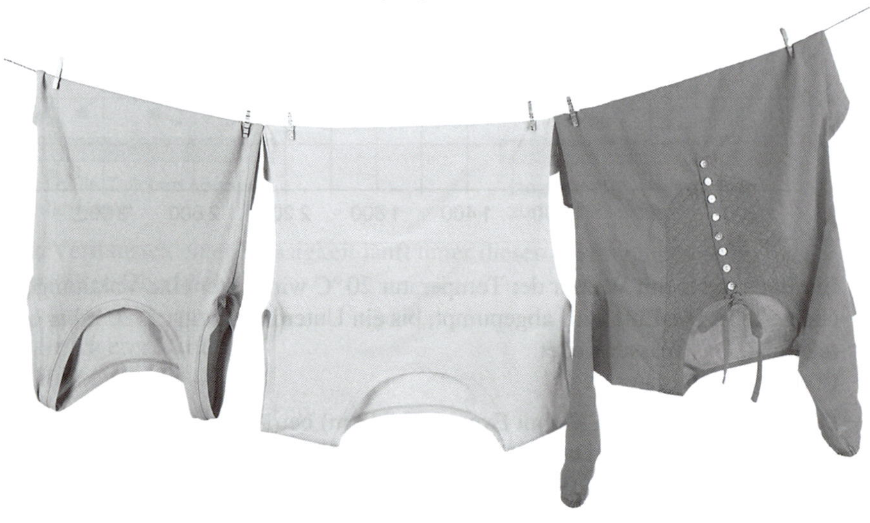

12 Volumenarbeit, Dampfturbine und Ottomotor

Der erste Hauptsatz der Wärmelehre besagt, dass die innere Energie eines Körpers durch Zufuhr bzw. Abgabe von Wärme oder durch Verrichten mechanischer Arbeit verändert werden kann.
Dafür gibt es die Formel: $\Delta U = Q + W$

Durch Verrichten von Reibungsarbeit oder Verdichtungsarbeit an einem Körper kann die innere Energie eines Körpers erhöht werden. Bei Gasen gibt es auch die Möglichkeit, dass das Gas selbst Arbeit verrichtet.
Dehnt sich ein Gas gegen den Luftdruck aus, so verrichtet es Ausdehnungsarbeit, die mit $W_V = -p \cdot \Delta V$ berechnet werden kann. Damit lässt sich z. B. ein Kolben anheben, der dadurch mechanische Energie gewinnt.
$\Delta U = Q + W \quad \text{mit } W = -p \cdot \Delta V$
$\Delta U = Q - p \cdot \Delta V$
Durch Umformung nach Q erhält man diese Formel: $Q = \Delta U + p \cdot \Delta V$

Diese Formel lässt sich so interpretieren: Führt man einem Gas Wärme Q zu, so kann dies zu einer höheren inneren Energie führen oder zu einer Zunahme des Volumens ΔV gegen den Luftdruck p.
Damit lässt sich auch die Verdampfungswärme von Wasser besser verstehen, für die bekanntlich $Q_V = 2\,257$ kJ gilt. Sie setzt sich aus zwei Bestandteilen zusammen:

- Die **Abtrennarbeit** $\Delta U = 2\,088$ kJ wird benötigt, um die Abstände zwischen den Teilchen (Wassermolekülen) zu vergrößern. Das Volumen nimmt zu. Die zugeführte Energie ist dann in der inneren Energie des Wasserdampfs gespeichert, jedoch nur in dem potenziellen Anteil.
- Die **Volumenarbeit** $W_V = 169$ kJ ist erforderlich, damit sich der Wasserdampf gegen den Luftdruck ausdehnen kann.

Beispiel

Beim Siedevorgang wird aus 1 ℓ Wasser 1 673 ℓ Wasserdampf. Der Luftdruck sei 1 013 hPa. Die Abtrennarbeit beträgt $\Delta U = 2\,088$ kJ.

a) Berechne die Volumenarbeit in kJ.
b) Bestätige durch Rechnung, dass die Verdampfungswärme 2 257 kJ beträgt.

Lösung:

a) Geg.: $V_A = 1\,\ell$; $V_E = 1\,673\,\ell$; $p = 1\,013$ hPa
Ges.: W_V
Das Volumen nimmt von 1 ℓ auf 1 673 ℓ zu. Die Volumenänderung entspricht der Differenz der Volumina.

$$\Delta V = V_E - V_A$$
$$\Delta V = 1\,673\,\ell - 1\,\ell$$
$$\Delta V = 1\,672\,\ell$$

$W_V = -p \cdot \Delta V$

$W_V = -1\,013\ \text{hPa} \cdot 1\,672\ \ell$

$W_V = -1{,}013 \cdot 10^5\ \frac{\text{N}}{\text{m}^2} \cdot 1{,}672\ \text{m}^3$ 4 gültige Ziffern [TR: – 169 373,6]

$W_V = -1{,}694 \cdot 10^5\ \frac{\text{N}}{\text{m}^2} \cdot \text{m}^3$

$W_V = -1{,}694 \cdot 10^5\ \text{Nm}$

$W_V = -169{,}4 \cdot 10^3\ \text{Nm}$ (1 J = 1 Nm)

$W_V = -169{,}4\ \text{kJ}$

b) Geg.: $\Delta U = 2\,088\ \text{kJ}$; $W_V = -169{,}3\ \text{kJ}$

Ges.: Q

$\Delta U = Q + W_V \quad \Rightarrow \quad Q = \Delta U - W_V$

$Q = 2\,088\ \text{kJ} - (-169{,}4\ \text{kJ})$ 0 gültige Nachkommastellen [TR: 2 257,4]

$Q = 2\,257\ \text{kJ}$

Eine **Dampfturbine** besteht aus mehreren Turbinenschaufeln, die hintereinander auf einer Welle angeordnet sind. Strömt Wasserdampf auf die Turbine, verrichtet er Arbeit und die Welle dreht sich.

Dampfturbinen kommen in Kohle-, Gas- und Kernkraftwerken zum Einsatz. Dort wird durch die freigesetzte Energie Wasser erhitzt. In einem Dampferzeuger siedet das Wasser und wird über Rohrleitungen der Dampfturbine zugeführt. Der Wasserdampf gibt im Kondensator Wärme ab und wird dadurch wieder flüssig. Das Wasser wird zum Dampferzeuger gepumpt.

Ein **Verbrennungsmotor** ist eine **Wärmekraftmaschine** mit **innerer Verbrennung.** Der **Viertakt-Ottomotor** ist ein **Verbrennungsmotor**, in dem sich vier Takte periodisch wiederholen und ein Benzin-Luft-Gemisch mithilfe von Zündkerzen gezündet wird (**Fremdzündung**).

Das Brenngas (hohe Temperatur, hoher Druck) verrichtet mechanische Arbeit an einem Kolben.

Es findet diese Energieumwandlung statt: Die chemische Energie von Benzin wird in mechanische Energie (Rotationsenergie) und innere Energie umgewandelt. Der Wirkungsgrad beträgt ca. 30 % bis 35 %.

Aufbau und die Funktionsweise des Viertakt-Ottomotors:

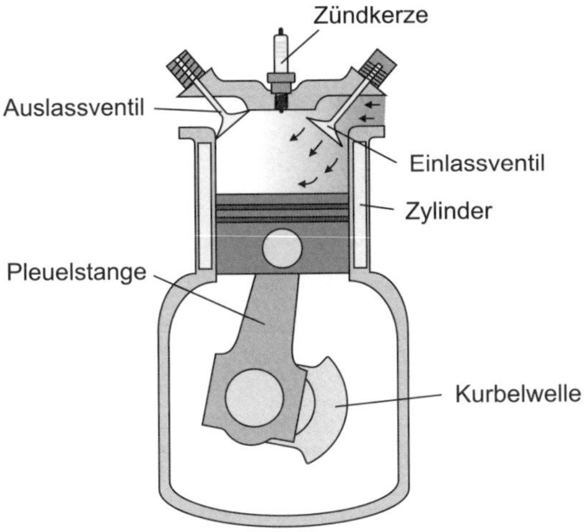

1. Takt: Ansaugen
Das Einlassventil ist geöffnet, das Auslassventil geschlossen.
Der Kolben wird nach unten bewegt. Ein Benzin-Luft-Gemisch wird in den Zylinderraum gesaugt.

2. Takt: Verdichten
Beide Ventile sind geschlossen.
Der Kolben wird nach oben bewegt. Das Benzin-Luft-Gemisch wird komprimiert. Es erreicht dadurch ca. 10 bar und 450 °C. Kurz vor dem oberen Totpunkt des Kolbens wird gezündet.

3. Takt: Arbeiten
Beide Ventile sind geschlossen.
Das Gemisch verbrennt und erreicht über 100 bar und über 2 000 °C. Das Brenngas verrichtet am Kolben Arbeit und bewegt diesen nach unten. Der Druck und die Temperatur nehmen ab.

4. Takt: Ausstoßen
Das Einlassventil ist geschlossen, das Auslassventil geöffnet.
Der Kolben wird nach oben bewegt und das Abgas aus dem Zylinderraum gedrückt. Kurz vor dem oberen Totpunkt wird das Einlassventil geöffnet (Ventilüberschneidung).

Im Unterschied zum Ottomotor ist der **Dieselmotor** ein **Selbstzünder**. Luft wird stark verdichtet. Die Temperatur der Luft steigt auf ca. 800 °C an, sodass eingespritzter Kraftstoff entzündet wird. Der Dieselmotor besitzt daher keine Zündkerzen.

61 a) Warum ist in der Formel für die Volumenarbeit $W_V = -p \cdot \Delta V$ ein negatives Vorzeichen zu finden?

b) Beschreibe, wie sich die Abtrennarbeit verändert, wenn der Luftdruck sinkt.

c) Aus welchen Bestandteilen setzt sich die Verdampfungswärme zusammen? Erläutere, welchem Zweck diese Bestandteile dienen.

62 1 Liter Ethanol wird an seinem Siedepunkt von 78 °C vollständig verdampft. Die Verdampfungswärme beträgt 667 kJ. Dabei entstehen 423 Liter gasförmiges Ethanol.

a) Berechne die Volumenarbeit, die gegen den Luftdruck von 1 013 hPa verrichtet werden muss, und erkläre, wofür sie benötigt wird.

b) Ermittle die Abtrennarbeit ΔU in kJ.

c) Welcher Energieanteil ist durch die Abtrennarbeit erhöht worden?

63 Ein Zylinder besitzt eine Grundfläche von 100 cm^2. Durch die Wärmezufuhr von 300 J wurde der Kolben um 10,0 cm angehoben. Der Luftdruck beträgt 980 hPa. *Hinweis:* Das Volumen eines Zylinders berechnet sich als Produkt von Grundfläche und Höhe.

a) Bestimme die Volumenzunahme in Litern und die Volumenarbeit.

b) Berechne die Zunahme der inneren Energie der Luft.

c) Wie viel Prozent der zugeführten Wärme trägt zur Hubarbeit bei?

64 a) Nenne die wesentlichen Merkmale eines Viertakt-Ottomotors.

b) Gib die Bezeichnung für die vier Takte an.

c) Nur in einem der Takte wird am Kolben Arbeit verrichtet. Beschreibe diesen Takt genauer.

Elektrizitätslehre

13 Der Magnetismus

Der berühmte Physiker Albert Einstein berichtete, dass seine Faszination für die Physik durch das Spielen mit Magneten begann. Er konnte sich als Kind stundenlang daran begeistern, dass die Magnete Anziehungskräfte aufeinander ausüben, ohne dass eine sichtbare Verbindung zwischen diesen besteht.

Ein **Magnet** ist ein Körper, der bestimmte andere Körper magnetisch anziehen oder abstoßen kann. Die Ursache dafür ist die **magnetische Kraft.**

Die magnetische Kraft wirkt zwischen:
- Magnet und Magnet: Anziehung oder Abstoßung
- Magnet und **ferromagnetischem Stoff** (z. B. Fe, Co, Ni): nur Anziehung

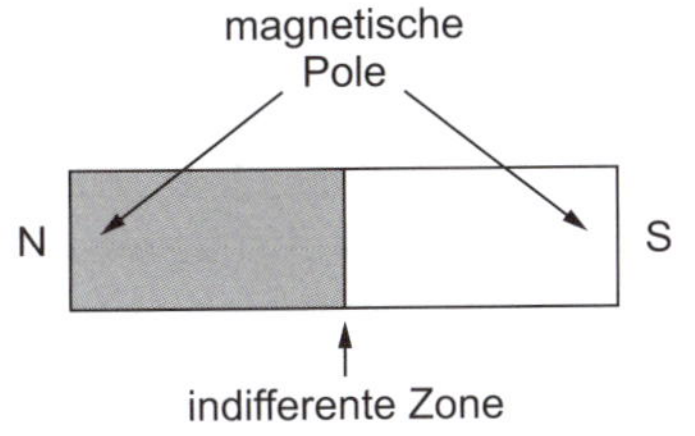

Die Bereiche eines Magneten mit der größten Kraftwirkung werden als **Magnetpole** bezeichnet.
Jeder Magnet ist ein **magnetischer Dipol,** er besitzt also zwei Magnetpole: den **magnetischen Nordpol** und den **magnetischen Südpol.** Die Magnetpole treten niemals einzeln auf.
Für die Magnethälften, auf denen sich die Magnetpole **Nord** und **Süd** befinden, werden die Farben **rot** und **grün** verwendet. Der Bereich mit der geringsten Kraftwirkung wird **indifferente Zone** genannt.

In der Raumumgebung eines Magneten existiert ein **magnetisches Feld.** Das magnetische Feld ist der Vermittler der magnetischen Kraft.

Magnetische Felder werden mit dem Modell von **gerichteten Feldlinien** dargestellt. Feldlinien ergeben zusammen ein **Feldlinienbild.** Für die Darstellung der Feldlinien gelten diese Regeln:
- Die Feldlinien verlaufen vom magnetischen Nordpol zum magnetischen Südpol.
- Je stärker das magnetische Feld ist, desto dichter liegen die Feldlinien.
- Die Feldlinien verzweigen und schneiden sich nicht.

Kleine drehbar gelagerte Magnete werden **Magnetnadeln** genannt. An einer Position im Magnetfeld aufgestellt zeigen sie mit ihrem Nordpol entlang der Richtung der Magnetfeldlinien.

Die Feldlinienbilder für einen Stabmagneten und einen Hufeisenmagneten kannst du in der folgenden Skizze sehen. Das Magnetfeld eines Hufeisenmagneten besitzt eine Besonderheit: Sein Inneres weist ein **homogenes Magnetfeld** auf, d. h., die Feldlinien besitzen dort eine einheitliche Dichte und Richtung.

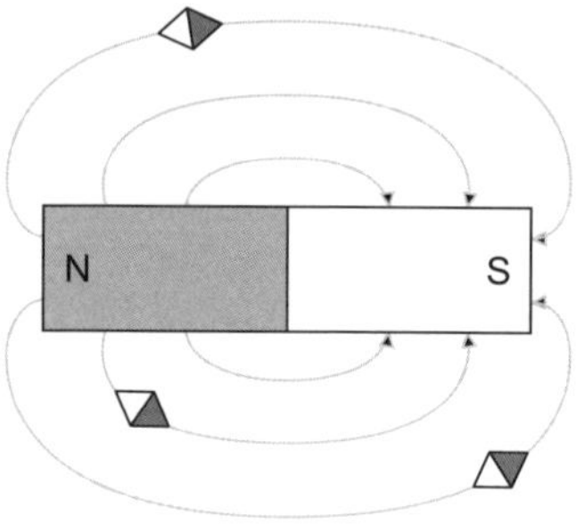

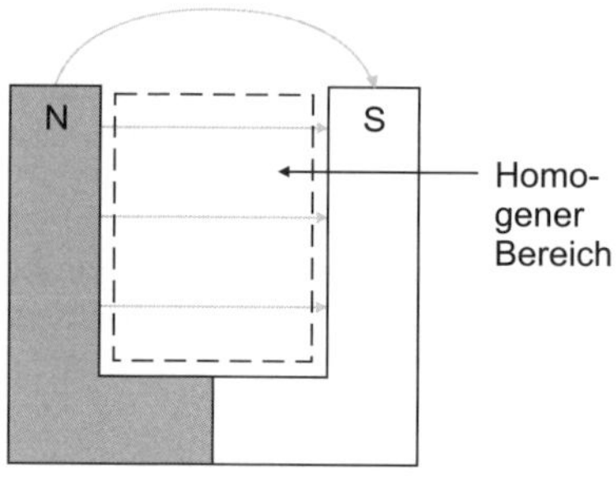

Für die Blickrichtung entlang der magnetischen Feldlinien wird die Darstellung mit Punkten und Kreuzen verwendet. Stelle dir die Magnetfeldlinie zwischen Nordpol und Südpol als einen Pfeil mit Spitze und Federn vor. Je nachdem ob du von vorne oder hinten darauf blickst, siehst du einen Punkt oder die Federn.

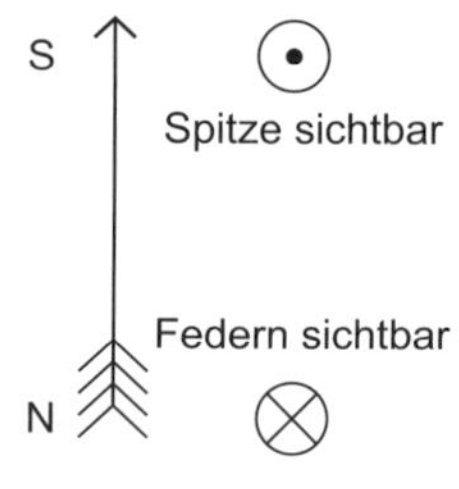

Zeigt die Magnetfeldlinie aus der Zeichenebene heraus/zu dir, dann wird ein Kreis mit einem Punkt dargestellt. Wenn man sich die Feldlinie als Pfeil vom Nordpol zum Südpol vorstellt, dann blickt man von vorne auf den Pfeil und sieht die Spitze.

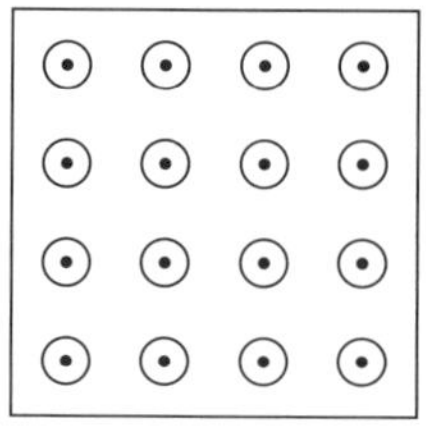

Weist die Magnetfeldlinie, die vom Nordpol zum Südpol zeigt, in die Zeichenebene hinein/von dir weg, dann wird ein Kreuz gezeichnet. In diesem Fall würde man den Pfeil von hinten sehen, also die Federn.

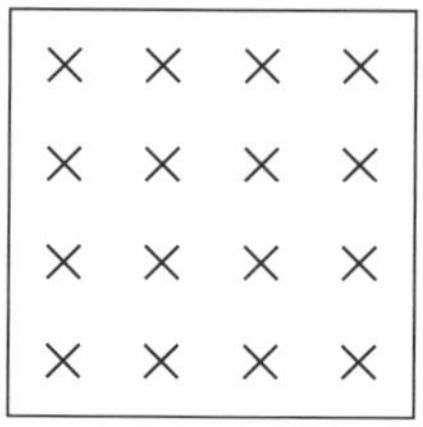

Tatsächlich besitzen magnetische Feldlinien weder Anfang noch Ende. Sie sind **geschlossene Linien.** Die folgenden exakteren Darstellungen des Stabmagneten und des Hufeisenmagneten berücksichtigen, was im Magneten vorliegt. Die Feldlinien führen vom magnetischen Südpol zum magnetischen Nordpol zurück. Diese Erkenntnisse ändern aber nichts an der Definition von magnetischem Nordpol und Südpol: Der magnetische Nordpol ist der Bereich, aus dem Feldlinien austreten, und der magnetische Südpol ist der Bereich, in den die Feldlinien eintreten.

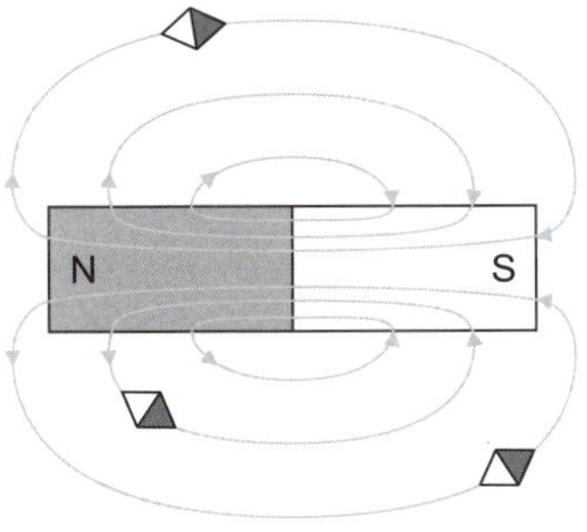

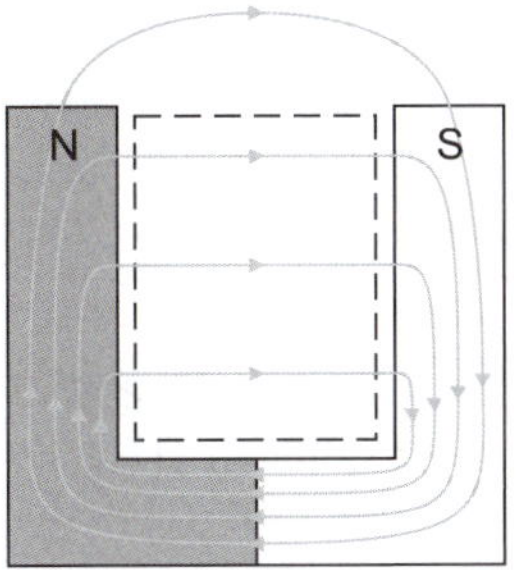

Ein ferromagnetischer Körper wird in einem magnetischen Feld selbst zu einem Magneten. Dieser Vorgang wird als **magnetische Influenz** bezeichnet.
Die dadurch erzielte Magnetisierung des Körpers wird **remanenter Magnetismus** genannt.

Ein magnetisierter ferromagnetischer Körper kann durch Erschütterung oder Zufuhr von Wärme entmagnetisiert werden. Für jeden ferromagnetischen Stoff gibt es eine bestimmte Temperatur, ab der seine Magnetisierung vollständig aufgehoben wird. Diese Temperatur heißt **Curie-Temperatur ϑ_C.** Für Eisen beträgt der Wert 768 °C.
Desweiteren kann das magnetische Feld durch einen ferromagnetischen Körper abgeschirmt werden.

Ferromagnetische Stoffe bestehen aus kleinsten Dipolen, den **Elementarmagneten.** In ferromagnetischen Stoffen gibt es sehr kleine Bereiche (< 1 µm), in denen die Elementarmagnete gleichsinnig ausgerichtet sind, die sogenannten **Weiss-Bezirke.**

Durch magnetische Influenz richten sich die Weiss-Bezirke gleichsinnig aus. Der Körper wirkt nach außen wie ein Magnet.

Normalzustand:
ungeordnete Weiss-Bezirke

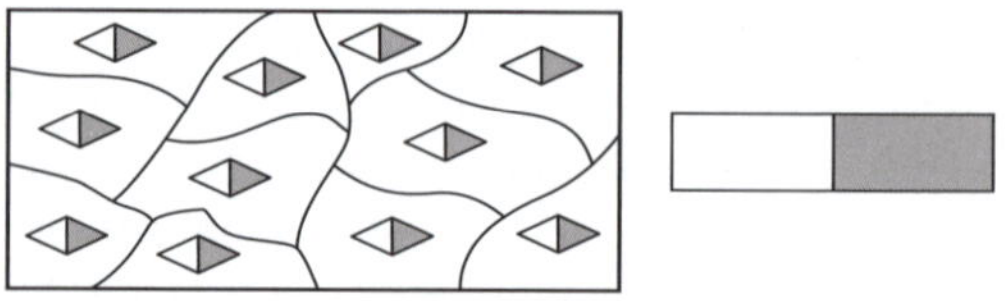

Magnetisierter Zustand:
gleichsinnig ausgerichtete Weiss-Bezirke
$\Rightarrow$ wirkt nach außen wie Magnet

Mit diesem Modell lässt sich auch erklären, warum ein magnetisierter Körper durch Erschütterung oder Energiezufuhr entmagnetisiert werden kann. Durch die mechanische oder thermische Einwirkung wird die gleichsinnige Orientierung der Weiss-Bezirke aufgehoben.

Die Erde besitzt ein Magnetfeld, das **Erdmagnetfeld.** Der magnetische Südpol liegt in der Nähe des geografischen Nordpols. Der magnetische Nordpol befindet sich in der Nähe des geografischen Südpols.

Die Magnetpole fallen nicht genau mit den geografischen Polen zusammen. Die magnetische Achse (auf der die Magnetpole liegen) ist zur Drehachse der Erde geneigt.
Die Magnetpole sind nicht oberflächennah, sondern liegen mehrere 100 km unter der Erdoberfläche.
Das Erdmagnetfeld hat für Lebewesen eine wichtige Bedeutung: Es dient zur Abschirmung von geladenen Teilchen des Sonnenwindes und zur Orientierung einiger Lebewesen wie Tauben und Haien.
Ursache des Erdmagnetfelds (Dynamo-Theorie): Im Erdkern fließen Ströme aus Eisen und Nickel (ca. 5 000 °C). Durch diese werden elektrische Ladungen bewegt, die ein Magnetfeld erzeugen.

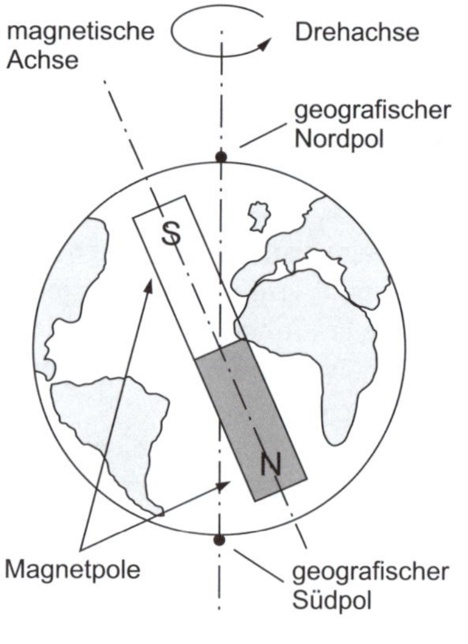

Da die Magnetpole nicht mit den geografischen Polen identisch sind, zeigt ein Kompass nicht exakt zum geografischen Nordpol. Der abweichende Winkel zwischen magnetischer und geografischer Nord-Richtung wird als **Deklination** (Missweisung) bezeichnet.
In Deutschland beträgt die Missweisung ca. 2°.

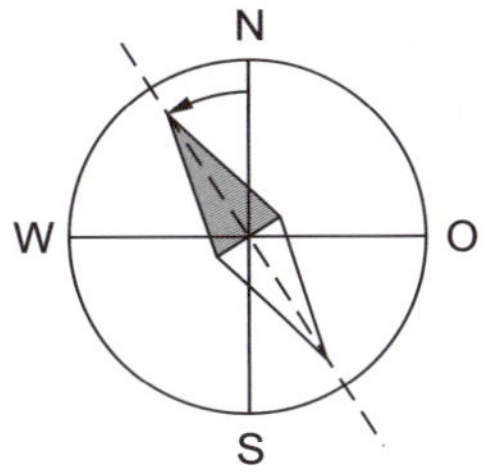

Untersucht man mit einem Inklinatorium (in Nord-Süd-Richtung aufgestellt) das Erdmagnetfeld, so stellt man fest, dass die Feldlinien nicht waagrecht zum Boden verlaufen, sondern unter einem bestimmten Winkel in den Boden eintreten.
Der Neigungswinkel zur Horizontalen wird **Inklination** genannt.
In Deutschland beträgt die Inklination ca. 65°.

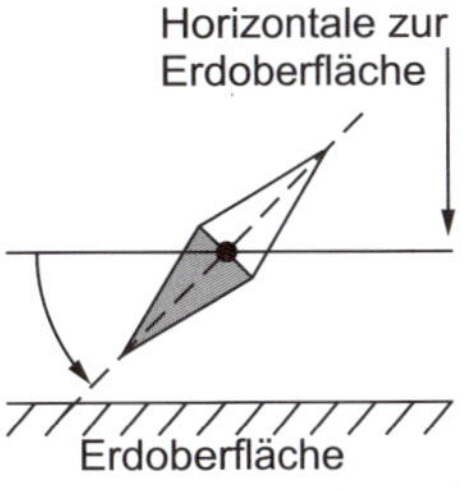

65 a) Wie ist ein Magnet definiert?

b) Nenne Körper, zwischen denen magnetische Kräfte wirken können.

c) Erkläre, was man unter einem magnetischen Pol versteht.

d) Ein magnetisierter Eisendraht wird halbiert, wie in der Abbildung gezeigt.
Beschreibe, was man erhält. Sind die magnetischen Pole jetzt getrennt?

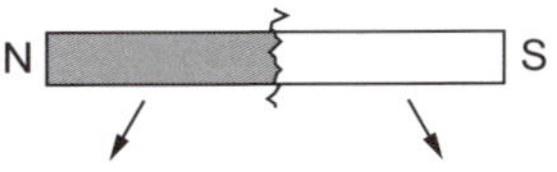

66 a) Was versteht man unter einem Magnetfeld?

b) Wie kann man mit einer Magnetnadel die Magnetfeldrichtung an einer Position bestimmen?

c) Vervollständige mit magnetischen Feldlinien. Diese müssen nicht geschlossen dargestellt werden.

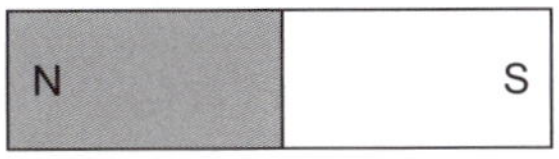

d) Erkläre, was man unter einem homogenen Magnetfeld versteht.

e) Beschreibe, wie ein Magnetfeld abgeschirmt werden kann.

67 Ein Stück Eisen wird in der Nähe eines Stabmagneten befestigt. Nach einer Stunde wird der Magnet entfernt und das Eisenstück mit einer Magnetnadel untersucht.

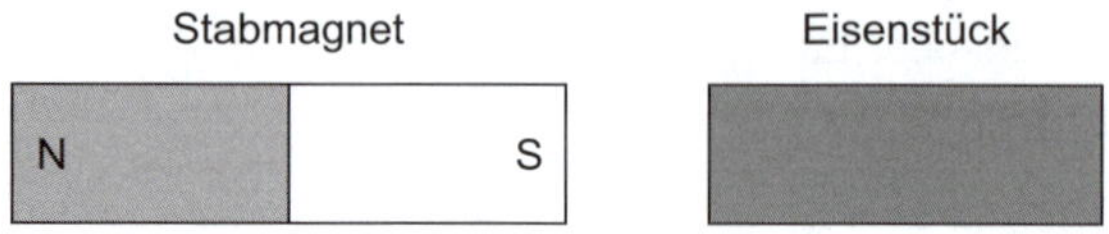

a) Beschreibe, was zu beobachten ist.

b) Erkläre die Beobachtung. Gehe dabei auch auf die Weiss-Bezirke ein.

c) Auf das Stück Eisen werden mehrere Schläge mit einem Hammer ausgeübt. Die Magnetisierung kann damit aufgehoben werden.
Gib eine Erklärung hierfür an.

d) Was versteht man unter der Curie-Temperatur?

68 a) Ein Türrahmen aus Stahl in deiner Schule wird mit einer Magnetnadel untersucht.
Beschreibe und erkläre, was dabei zu beobachten ist.

b) Nenne zwei Lebewesen, die sich am Erdmagnetfeld orientieren.

c) Wo liegt der magnetische Südpol und wo der magnetische Nordpol der Erde?

d) Erkläre, was man unter dem Begriff Deklination versteht.

14 Elektrische Ladungen

Aus dem Alltag kennst du Beispiele zur Elektrizität:

- Nach dem Kämmen der Haare mit einem Plastikkamm werden die Haare vom Kamm angezogen.
- Bei der Berührung einer Türklinke kann man unter bestimmten Umständen einen elektrischen Schlag bekommen.
- Reibt man einen Luftballon gegen Wolle, so können mit diesem anschließend Papierschnipsel ohne Berührung angehoben werden.
- Zieht man im Dunkeln einen Pullover aus, so kann man zwischen Haaren und Pullover kleine Blitze sehen und Knistern vernehmen.

Zur **Elektrizität** gehören alle Phänomene, die sich mit ruhenden oder bewegten elektrischen Ladungen erklären lassen.

Man unterscheidet zwei große Teilbereiche der Elektrizität:

- die **Elektrostatik**: ruhende elektrische Ladungen
- die **Elektrodynamik**: bewegte elektrische Ladungen, elektrische Ströme

Es gibt **positive elektrische Ladungen** und **negative elektrische Ladungen.** Das **Elektron** besitzt die kleinste negative elektrische Ladung.

Positive elektrische Ladungen werden mit einem **Plus** gekennzeichnet, negative elektrische Ladungen mit einem **Minus.** Im Gegensatz zu den magnetischen Polen können positive elektrische Ladungen und negative elektrische Ladungen getrennt voneinander existieren.
Ein **negativ geladener** Körper besitzt einen **Elektronenüberschuss.** Ein **positiv geladener** Körper weist einen **Elektronenmangel** auf.
In einem elektrisch **neutralen Körper** liegt ein Gleichgewicht von positiven und negativen elektrischen Ladungen vor. Im Normalzustand sind Körper elektrisch neutral.

Hinweis: Verwechsele die elektrischen Ladungen nicht mit den magnetischen Polen aus dem Kapitel zuvor.

Zwischen elektrischen Ladungen bzw. elektrisch geladenen Körpern wirken Kräfte, die **elektrische Kräfte** oder **Coulomb-Kräfte** genannt werden.

Gleichnamige elektrische Ladungen stoßen sich ab, ungleichnamige elektrische Ladungen ziehen sich an.

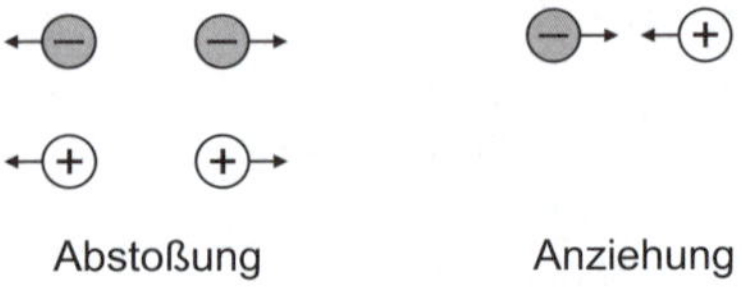

Anwendungen zu elektrischen Ladungen und Kräften:

- Elektroskop
- Laserdrucker, Kopierer
- Elektrostatisches Lackieren
- Gewitter und Blitze
- Zusammenhalt von Atomkern und Atomhülle

Das **Elektroskop** ist ein Nachweisgerät für elektrische Ladungen.
Man kann damit feststellen, ob ein Körper elektrisch geladen ist, jedoch nicht, ob die Ladung positiv oder negativ ist. Das Testobjekt wird in Kontakt mit der Berührfläche des Elektroskops gebracht. Von dem Körper gehen Ladungen auf die Berührfläche, den Träger und den Zeiger über. Aufgrund der gleichnamigen Ladung wird der Zeiger vom Träger abgestoßen. Der Zeiger schlägt aus.

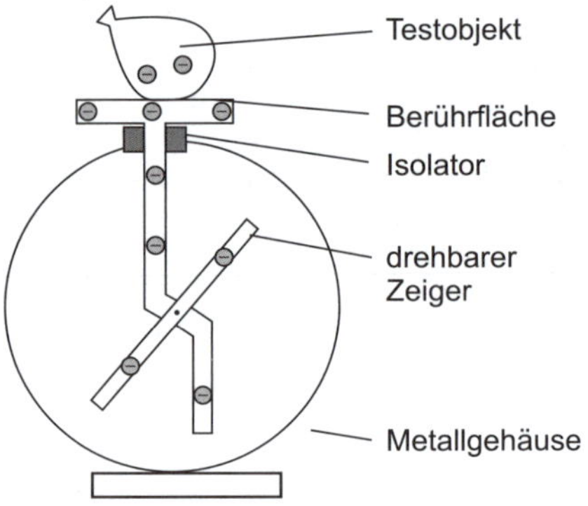

Auch mit einer **Stabglimmlampe** kann man elektrische Ladungen nachweisen. Man kann sogar prüfen, ob ein Körper positiv oder negativ geladen ist. Dazu wird eine Metallkappe der Stabglimmlampe mit dem Körper berührt. Die andere Metallkappe führt zu einer Erdung. Leuchtet die Seite kurz auf, die dem Testkörper zugewandt ist, dann war der Körper negativ geladen. Wenn die andere Seite kurz aufleuchtet, dann war der Körper positiv geladen.

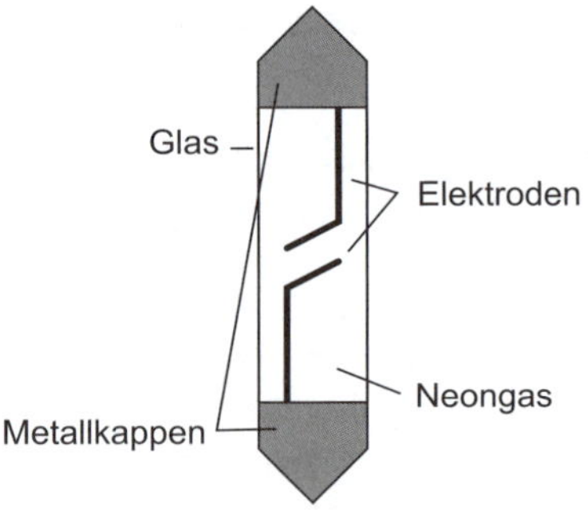

Bei der **Ladungstrennung** wird durch **Verrichten von Arbeit** in einem elektrisch neutralen Körper das Gleichgewicht von elektrischen Ladungen gestört, sodass man positiv und negativ geladene Körper/Bereiche erhält.

Arbeit ist nötig, um die Abstände zwischen positiven und negativen Ladungen zu vergrößern und damit der Anziehungskraft entgegenzuwirken. Als Folge dessen ist Energie in dem größeren Abstand der Ladungen gespeichert.

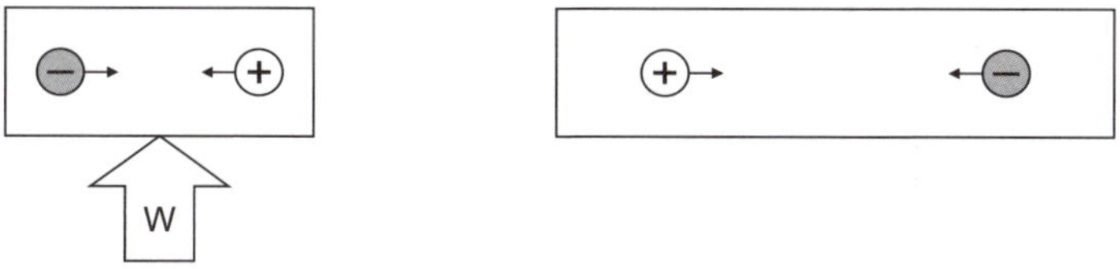

Ladung kann man beispielsweise durch **Reibung** trennen. Reibt man ein Blatt Papier gegen einen Luftballon, so gehen Elektronen vom Papier auf den Luftballon über. Dabei wird Reibungsarbeit verrichtet. Das Papier ist dann positiv geladen und der Ballon negativ. Die Anzahl der positiven Ladungen entspricht der Anzahl der negativen Ladungen.

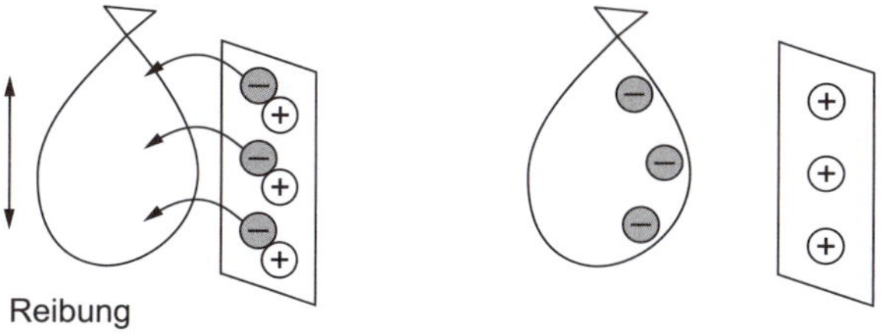

Durch den Vorgang der **Reibungselektrizität** können Elektronen von einem Körper auf einen anderen übergehen. Dadurch erhält man einen positiv und einen negativ geladenen Körper.

Ladung bzw. Elektronen können auch durch einen engen Kontakt zwischen zwei Körpern übergehen, dann spricht man von **Kontaktelektrizität**.

Neben der Reibung gibt es noch weitere Möglichkeiten der Ladungstrennung, z. B. durch einen Generator, eine Batterie oder eine Solarzelle. Diese können laufend durch Verrichten von Arbeit für Ladungstrennung sorgen und besitzen positiv und negativ geladene Bereiche, die Pole genannt werden. Elektrische Geräte können mit Elektrizitätsquellen betrieben werden.

Eine **Elektrizitätsquelle** sorgt für Ladungstrennung. Sie besitzt einen **Minuspol** (Elektronenüberschuss) und einen **Pluspol** (Elektronenmangel).

Durch die Reibung von Luftballon und Papier sind Elektronen übergegangen. Die Summe von positiven und negativen Ladungen ist insgesamt gleich geblieben. Es sind also weder Ladungen erzeugt noch vernichtet worden.

Grundsatz der Ladungserhaltung
In einem abgeschlossenen System ist die Summe der elektrischen Ladungen konstant. Es ist nicht möglich, Ladungen zu erzeugen oder zu vernichten.

Dieser Grundsatz ist eine physikalische Erfahrungstatsache. Eine Abweichung konnte in keinem Experiment festgestellt werden.
Auch für Elektrizitätsquellen gilt der Grundsatz der Ladungserhaltung. In diesen werden weder Ladungen erzeugt noch vernichtet. Durch Ladungstrennung wird eine gleiche Anzahl an positiven und negativen Ladungen an den Polen bereitgestellt.

Verbindet man zwei Körper, die unterschiedlich elektrisch geladen sind, leitend miteinander, so findet **Ladungsausgleich** statt. Dabei bewegen sich Ladungen (in der Regel nur Elektronen) zwischen den Körpern.

Bei einem **Blitz** handelt es sich um einen besonders schnellen Ladungsausgleich.

Auf Batterien und Akkus kann man Angaben in den Einheiten Ah (Amperestunde) oder mAh (Milliamperestunde) lesen. Je größer dieser Wert ist, desto länger kann das elektrische Gerät mit der Batterie oder dem Akku betrieben werden. Bei dem Wert handelt es sich um die elektrische Ladung.

> Die **elektrische Ladung Q** ist die Elektrizitätsmenge eines Körpers. Sie ist auch die Ursache für die elektrische Kraft.
> Einheit: $[Q] = 1\ C = 1\ A \cdot s$ (1 Coulomb)

Für Batterien und Akkus sind zudem diese Einheiten gebräuchlich:
1 Amperestunde: $1\ Ah = 3\,600\ C = 3{,}6\ kC$
1 Milliamperestunde: $1\ mAh = 3{,}6\ C$

Eine negative Ladung bekommt ein negatives Vorzeichen und eine positive Ladung ein positives Vorzeichen. Im Physikunterricht wird jedoch meistens mit Beträgen gerechnet, also das Vorzeichen der Ladungen vernachlässigt.

Eine bestimmte elektrische Ladung Q lässt sich nicht in beliebig viele Teile zerlegen. Es gibt kleinste Ladungen, die nicht weiter teilbar sind.

> Die kleinste vorkommende elektrische Ladung wird als **Elementarladung e** bezeichnet. Diese Ladung beträgt $e = 1{,}6022 \cdot 10^{-19}\ C$.

Das **Elektron** trägt die negative Elementarladung (–e). Fehlt einem Atom ein Elektron, so trägt es die positive Elementarladung (+e). Auch die Protonen im Atomkern tragen jeweils die positive Elementarladung (+e).

> Jede elektrische Ladung Q setzt sich aus einer bestimmten Anzahl n von Elementarladungen e zusammen.
> $Q = n \cdot e$

In dem Beispiel mit dem Luftballon und Papier besitzt das Papier eine bestimmte positive Ladung Q_1 und der Luftballon eine bestimmte negative Ladung Q_2. Die Ladungsmengen besitzen den gleichen Betrag, aber unterschiedliche Vorzeichen. Durch den Kontakt von Luftballon und Papier können sich die beiden Ladungen neutralisieren. Dann sind beide Körper wieder elektrisch neutral. Als Folge dessen gibt es auch keine Kräfte mehr zwischen diesen.

Werden zwei gleich große, entgegengesetzte Ladungsmengen zusammengebracht, findet **Neutralisation** statt. Dadurch können zwischen diesen auch keine Kräfte mehr wirken.

Überträgt man Elektronen auf einen metallischen Körper (z. B. auf einen Metallbecher) und prüft die Innenfläche und die Außenfläche, so stellt man fest, dass die Innenflächen ladungsfrei sind. Die Elektronen nehmen wegen der gegenseitigen Abstoßung einen möglichst großen Abstand zueinander ein und befinden sich somit alle auf der Außenfläche (vergleiche Grafik).

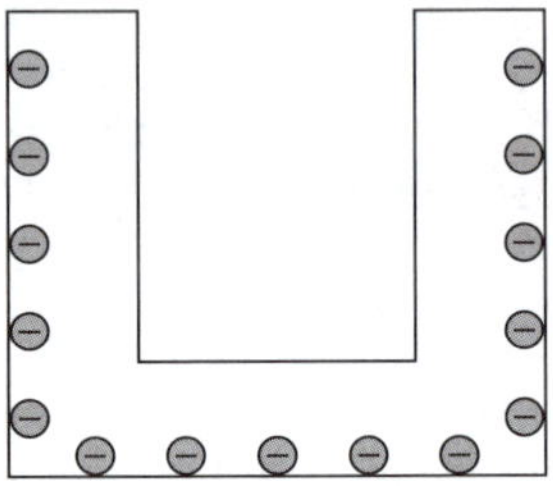

Elektrische Ladungen verteilen sich auf metallischen Körpern nur auf Außenflächen. Das Innere bleibt ladungsfrei.

Liegt eine von allen Seiten geschlossene Hülle aus Metall (z. B. ein Drahtkäfig) vor, so spricht man von einem **faradayschen Käfig.** Der Innenraum ist frei von elektrischen Feldern (siehe Seite 69).

Anwendungen:
- Metallgehäuse als Schutz gegen Blitzeinschlag
- Koronaringe für Hochspannungsleitungen

Bei metallischen Körpern mit Spitzen ereignen sich besondere Vorgänge, wie der Versuch zeigt:
Ein Eisennagel wird mit dem Minuspol einer Elektrizitätsquelle für Hochspannung verbunden. Vor dessen Spitze stellt man die Flamme einer Kerze. Man sieht, wie die Flamme von der Spitze wegbewegt wird.

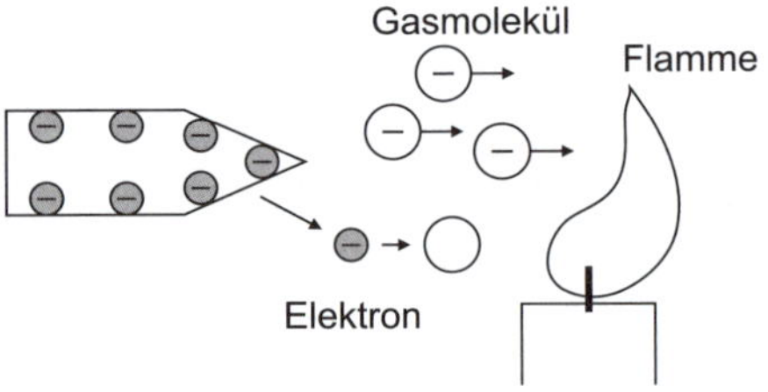

Auf Spitzen sammeln sich besonders viele Elektronen. Die Elektronen stoßen sich gegenseitig ab und werden von der Spitze gedrängt. Sie gehen auf Gasmoleküle über, die dadurch negativ geladen sind. Die negativ geladenen Gasmoleküle werden von der negativ geladenen Spitze abgestoßen. Es entsteht eine Gasbewegung.

Auf Spitzen und Kanten halten sich besonders viele Ladungen auf. Bei hohen Spannungen kommt es zur **Spitzenentladung,** d. h., Ladungen treten aus.

Anwendungen:

- Blitzableiter
- Elektrofilter/Rauchgasreinigung

Beispiel

Ein Kunststoffstab wird gegen ein Tuch aus Baumwolle gerieben. Der Kunststoffstab ist anschließend negativ geladen.

a) Beschreibe, was bei diesem Vorgang passiert.

b) Wo befinden sich die Ladungen auf dem Stab?

c) Es sind 12,3 Billionen Elektronen auf das Tuch übergegangen. Berechne die elektrische Ladung des Stabs.

d) Wie viele Elementarladungen bilden die Ladung 7,5 mC?

Lösung:

a) Durch die Reibung sind Elektronen von dem Tuch auf den Kunststoffstab übergegangen. Das Tuch ist dadurch positiv und der Stab negativ geladen.

b) Die Elektronen befinden sich nur auf der Außenfläche des Stabs, nicht jedoch in seinem Inneren.

c) Geg.: $n = 12{,}3 \cdot 10^{12}$; $e = 1{,}6022 \cdot 10^{-19}\,C$

Ges.: Q

$Q = n \cdot e$

$Q = 12{,}3 \cdot 10^{12} \cdot 1{,}6022 \cdot 10^{-19}\,C$ 3 gültige Ziffern [TR: $1{,}970\ldots \cdot 10^{-6}$]

$Q = 1{,}97 \cdot 10^{-6}\,C$

d) Geg.: $Q = 7{,}5\,mC$; $e = 1{,}6022 \cdot 10^{-19}\,C$

Ges.: n

$Q = n \cdot c \Rightarrow n = \frac{Q}{e}$

$n = \frac{7{,}5\,mC}{1{,}6022 \cdot 10^{-19}\,C}$ 2 gültige Ziffern [TR: $4{,}68\ldots \cdot 10^{16}$]

$n = 4{,}7 \cdot 10^{16}$

69 a) Die Elektrostatik ist ein Teilbereich der Elektrizität. Erkläre, was der Inhalt dieses Teilbereichs ist.

b) Wodurch zeichnen sich positiv und negativ geladene Körper aus?

c) Beschreibe, was passiert, wenn man ein Blatt Papier an einem Luftballon reibt, wenn sowohl das Blatt als auch der Luftballon zuvor elektrisch neutral waren. Sind hierbei Ladungen erzeugt worden?

d) Warum ist das Verrichten von Arbeit nötig, um Ladungen zu trennen?

e) Zwei Luftballone werden jeweils gegen Papier gerieben. Dann werden die Ballone nebeneinander gehalten.
Gib die Beobachtung und die Erklärung an.

f) Gib zwei weitere Möglichkeiten der Ladungstrennung an.

70 Zwei Metallplatten sind mit den Anschlüssen einer Hochspannungsquelle verbunden und dadurch positiv bzw. negativ geladen.
Ein in Aluminiumfolie eingewickelter Tischtennisball wird an einer Nylonschnur aufgehängt, zwischen die Platten gebracht und angestoßen. Man beobachtet, dass sich die Kugel zwischen den Platten schnell hin und her bewegt und dabei jeweils auf die Platte stößt.
Gib hierfür die Erklärung an.

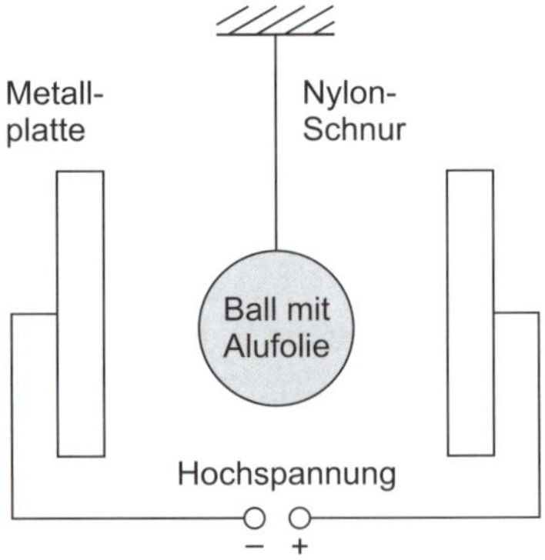

71 a) Berechne die Ladungsmenge, die von einer Million Elektronen gebildet wird.

b) Beim „Aufladen“ eines Handys fließen pro Sekunde $2{,}81 \cdot 10^{18}$ Elektronen durch den Querschnitt des Ladekabels.
Ermittle die Ladung, die dabei pro Sekunde fließt.

72 a) Auf einem Handyakku ist die Angabe 2 000 mAh zu lesen.
Wandele diese Größe in die Einheit Coulomb um.

b) Gib die Ladung 360 kC in Ah an.

73 Wie viele Elementarladungen bilden die Ladung 1,000 C? Vergleiche das Ergebnis mit der Anzahl der Insekten auf der Erde (ca. 10^{19}).

74 Wie viele Milliarden Elektronen bilden zusammen die Ladungsmenge 3,57 nC?
Hinweis: Das Präfix n („Nano“) steht für 10^{-9}.

75 a) Erkläre, warum man in einem Auto bei einem Blitzeinschlag sicher ist.

b) Welchem Zweck dient der Blitzableiter? Erkläre dies physikalisch.

76 Das elektrostatische Lackieren ist eine häufig verwendete Methode, um einen metallischen Gegenstand mit Lack zu beschichten.
Die Elektrode des Sprühorgans und die Elektrode des Werkstücks sind mit den Anschlüssen einer Hochspannungsquelle verbunden.

a) Erkläre die Funktionsweise.

b) Überlege, welche Vorteile diese Methode besitzt.

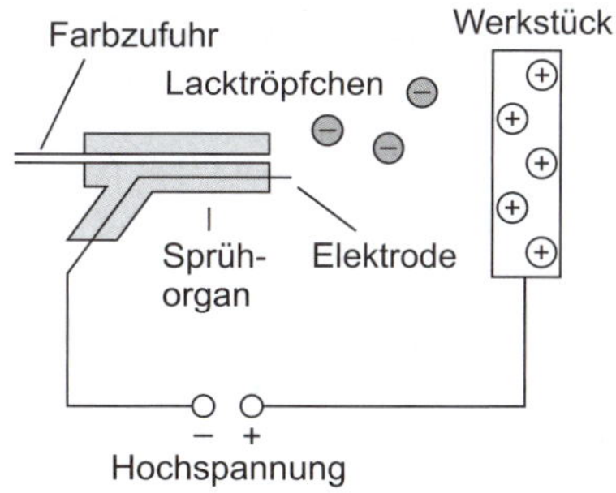

77 Die Verteilung von Ladungen kann für die Reinigung von Rauchgasen verwendet werden. Das ist z. B. für Kohlekraftwerke wichtig. In der Skizze kannst du den Aufbau sehen.
Erkläre die Funktionsweise.

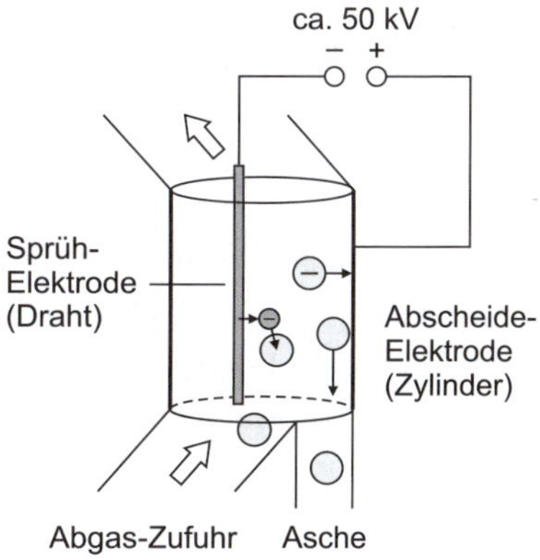

15 Elektrisches Feld, Influenz und Polarisation

Elektrische Ladungen üben Kräfte aufeinander aus. Doch wie passiert dies? Wie wirken die Kräfte?

> In der Raumumgebung einer elektrischen Ladung existiert ein **elektrisches Feld.** Das elektrische Feld ist der Vermittler der elektrischen Kraft.

Elektrische Felder werden mit dem Modell von **gerichteten Feldlinien** dargestellt. Für diese gilt:

- Die Feldlinien verlaufen vom positiv geladenen Körper zum negativ geladenen Körper.
- Die Feldlinien entspringen und enden senkrecht zu Oberflächen.
- Je stärker das elektrische Feld ist, desto dichter liegen die Feldlinien.
- Die Feldlinien verzweigen und schneiden sich nicht.

Feldlinien ergeben zusammen ein **Feldlinienbild.** Damit kann für jeden Punkt im Raum die Kraft auf eine positive Ladung angegeben werden.

Folgende charakteristischen Bilder sind wichtig:

- Die elektrischen Felder von geladenen Kugeln sind radialsymmetrisch:

- Nur Feldlinien von ungleichnamig geladenen Körpern können sich verbinden. Zwischen gleichnamig geladenen Körpern werden die Feldlinien abgedrängt.

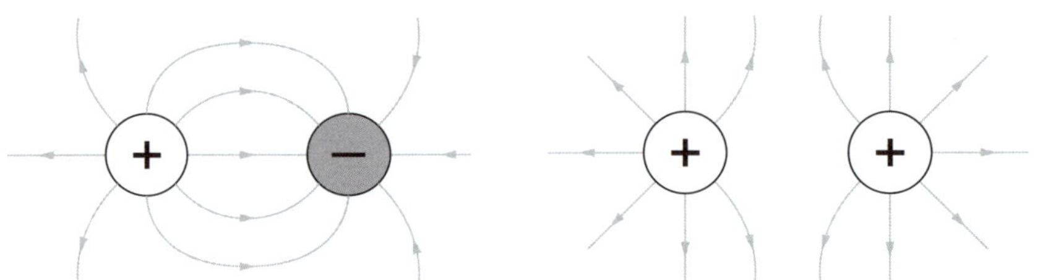

- Zwischen zwei ungleichnamig geladenen Platten bildet sich ein homogenes elektrisches Feld. Die elektrischen Feldlinien besitzen im Bereich innerhalb der gestrichelten Linie die gleiche Dichte und Richtung.

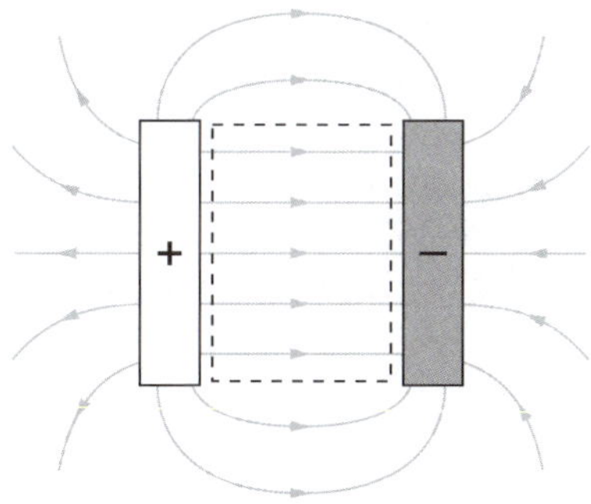

- Das Innere eines geladenen Kreisrings ist frei von Feldlinien (faradayscher Käfig).

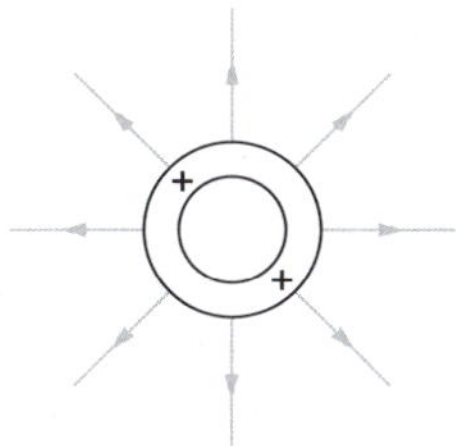

Hinweis: Beachte, dass es sich bei dem elektrischen Feld und dem magnetischen Feld um unterschiedliche Feldformen handelt.

Ein elektrisch geladener Körper kann durch sein elektrisches Feld auf einen elektrisch neutralen metallischen Körper so einwirken, dass sich in diesem eine **räumliche Verschiebung von Ladungen** ereignet. Der Vorgang wird **Influenz** genannt.
Es ereignet sich dabei kein Ladungstransport zwischen den Körpern.

Die Folge der räumlichen Ladungsverschiebung ist eine Anziehungskraft zwischen den Körpern. Das kann man in einem einfachen Versuch zeigen: Wird ein elektrisch geladener Stab in die Nähe von Eisenspänen gehalten, so werden diese angezogen.
Der Vorgang lässt sich wie folgt anschaulich erklären, dabei ist das Eisenteilchen stark vergrößert dargestellt:

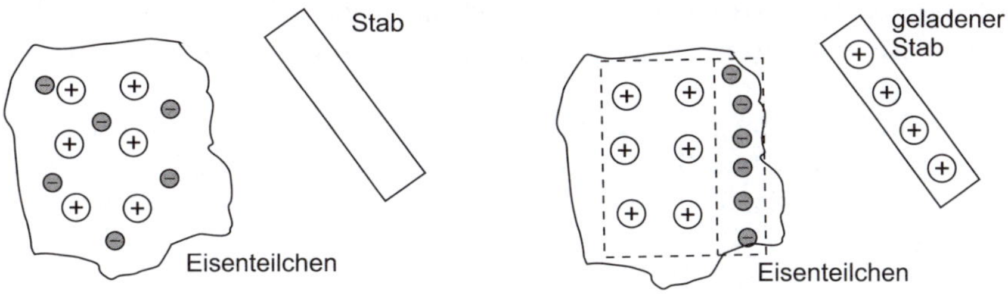

Durch das elektrische Feld des positiv geladenen Stabs werden Elektronen im Eisenteilchen **zur Oberfläche** bewegt. Dadurch hat sich eine **Verschiebung von Ladungen** ergeben: Die eine Seite des Eisenteilchens ist positiv, die andere negativ geladen.
Die negativ geladene Seite des Eisenteilchens ist näher am Stab als die positiv geladene Seite. Das Eisenteilchen wird dadurch vom geladenen Stab angezogen.

Ähnliche Effekte gibt es auch bei Nichtleitern/Isolatoren. Bringt man einen elektrisch geladenen Stab in die Nähe von Styroporteilchen oder einem Wasserstrahl, so kann eine Anziehung beobachtet werden. In beiden Fällen spielen sich jedoch andere Vorgänge als bei der Influenz ab.

Ein elektrisch geladener Körper kann durch sein elektrisches Feld auf einen elektrisch neutralen Nichtleiter/Isolator so einwirken, dass sich in diesem eine **Verschiebung von Ladungen in kleinen Bereichen** ereignet. Der Vorgang wird **Polarisation** genannt.
Auch hier ereignet sich kein Ladungstransport zwischen den Körpern.

Im Vergleich zu Metallen besitzen Isolatoren keine frei beweglichen Elektronen. Die Elektronen sind fest an den Atomen oder Molekülen gebunden. Zur Verschiebung von Ladungen kann es also nur in den Atomen oder Molekülen kommen.

- **Verschiebungspolarisation:** In unpolaren Molekülen (z. B. Styropor) werden Elektronen in Molekülen durch den geladenen Körper verschoben.

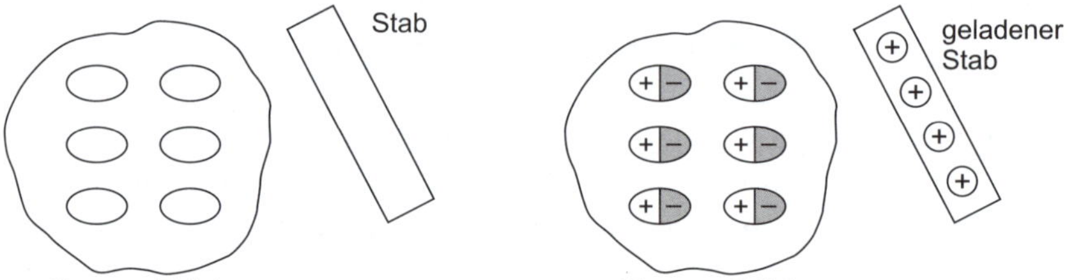

Das elektrische Feld des positiv geladenen Stabs bewirkt **in den Molekülen** des Styropors die **Verschiebung von Elektronen** zum Stab hin. Die Moleküle sind **polarisiert:** Jeweils ein Bereich des Moleküls ist positiv, der andere negativ geladen.
Da jeweils die negativ geladenen Bereiche der Moleküle dem Stab näher sind als die positiv geladenen Bereiche, ist die elektrische Anziehungskraft größer als die Abstoßungskraft. Das Styropor-Teilchen wird vom geladenen Stab angezogen.

- **Ausrichtungspolarisation:** Gleichsinnige Ausrichtung von polaren Molekülen (z. B. Wasser) zum geladenen Körper hin.

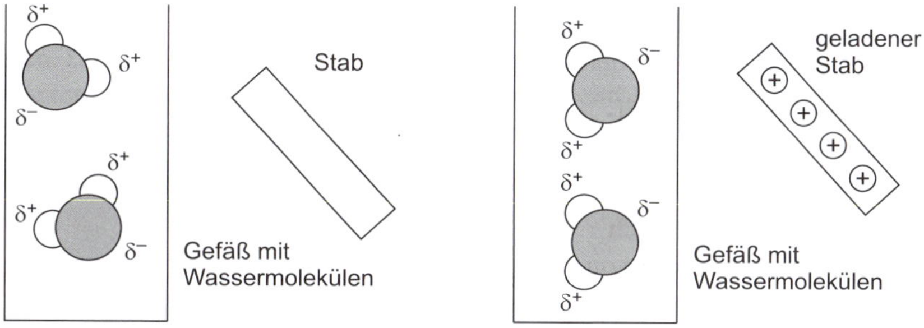

Wassermoleküle sind **Dipole:** Sie besitzen bereits ohne das Einwirken eines elektrischen Feldes einen elektrisch negativ geladenen Bereich und einen elektrisch positiv geladenen Bereich. Das elektrische Feld des positiv geladenen Stabs bewirkt eine **gleichsinnige Ausrichtung der Moleküle.** Da jeweils die negativ geladenen Bereiche der Moleküle dem Stab näher sind als die positiv geladenen Bereiche, ist die elektrische Anziehungskraft größer als die Abstoßungskraft. Der Wasserstrahl wird vom geladenen Stab angezogen.

78 a) Beschreibe, was ein elektrisches Feld ist.

b) Martin behauptet: „Elektrische Feldlinien stellen geschlossene Bahnen dar.“ Nimm zu dieser Aussage Stellung.

c) Erkläre, was man unter einem homogenen elektrischen Feld versteht. Wie lässt sich dieses erzeugen?

d) Wie lässt sich das elektrische Feld abschirmen?

79 Zeichne jeweils die Feldlinien ein.

a)

b)

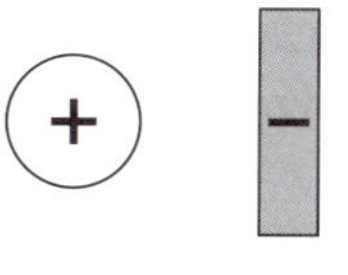

c)

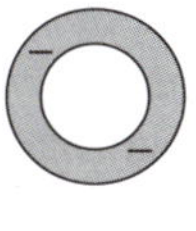

d)

Für die Bestandteile eines Stromkreises werden **Schaltzeichen** verwendet:

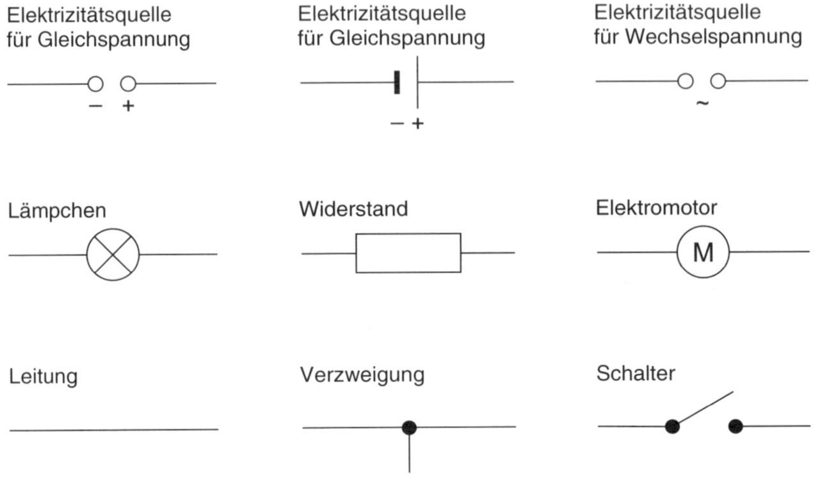

Man kann jeden Stromkreis einschließlich seiner Elemente vereinfacht mit einer **Schaltskizze**/einem **Schaltplan** darstellen. Leitungen und ihre Verzweigungen werden senkrecht zueinander gezeichnet.

Beispiel

Ein Lämpchen wird mit einer Batterie betrieben. Mit einem Schalter kann der Stromkreis geöffnet oder geschlossen werden.
Erstelle eine Schaltskizze.

Lösung:

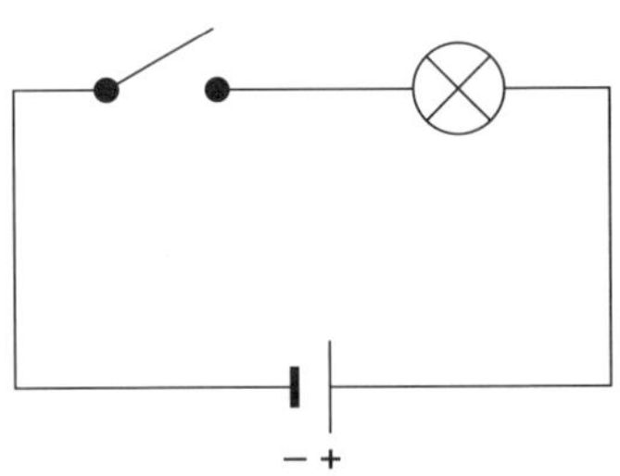

Die Elemente eines Stromkreises lassen sich hintereinander oder nebeneinander anordnen.

Bei einer **Reihenschaltung** sind Bauelemente hintereinander, bei einer **Parallelschaltung** nebeneinander angeordnet.

Die Begriffe Reihenschaltung und Parallelschaltung sind auf den ganzen Stromkreis oder seine Teilbereiche anwendbar.

Beispiel

Fertige jeweils die Schaltskizze an:

a) Zwei Lämpchen sind in Reihe geschaltet und mit einer Elektrizitätsquelle für Gleichspannung verbunden.

b) Zwei Lämpchen sind parallel geschaltet und mit einer Elektrizitätsquelle für Gleichspannung verbunden.

Lösung:

a)

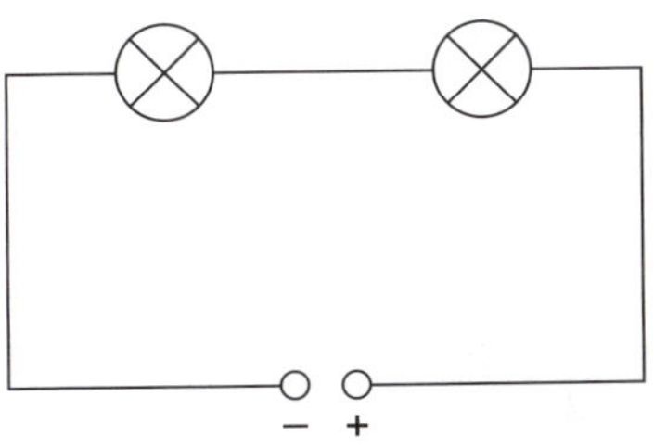

b)

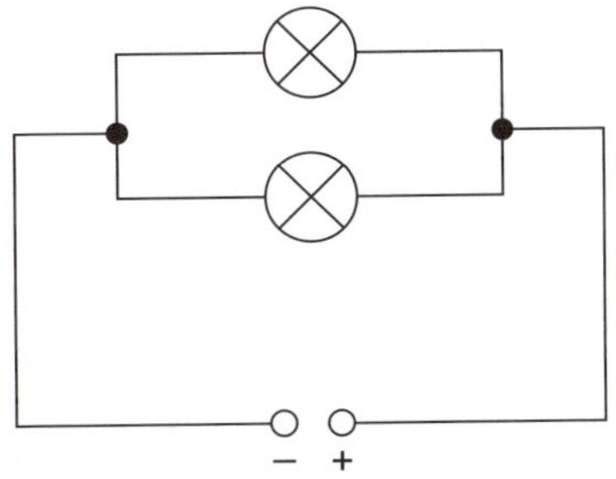

Eine **ODER-Schaltung** schließt den Stromkreis, wenn mindestens einer der beiden Schalter geschlossen ist. Die Schalter müssen **parallel** angeordnet sein.

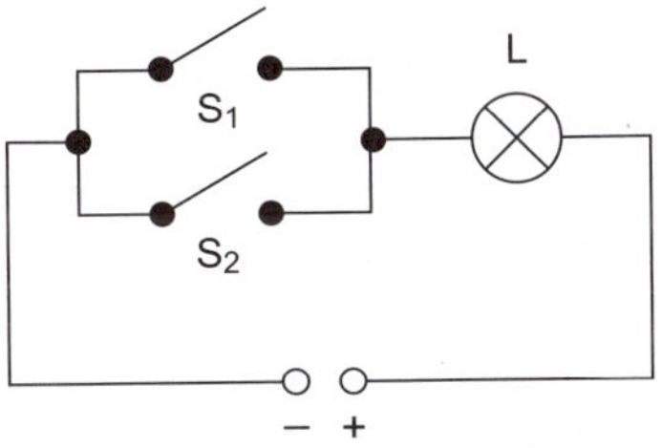

Anwendung:
Die Türklingel soll ertönen, wenn an der Haustür oder an der Wohnungstür geklingelt wird.

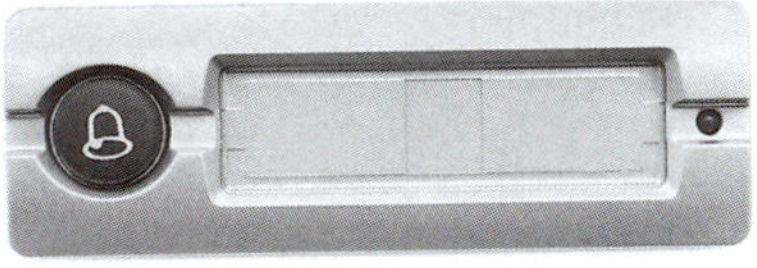

Eine **UND-Schaltung** schließt den Stromkreis, wenn beide Schalter zugleich geschlossen sind. Die Schalter müssen **in Reihe** angeordnet sein.
Anwendung: Die Waschmaschine beginnt erst mit dem Waschgang, wenn die Tür geschlossen und der Startknopf gedrückt wurde.

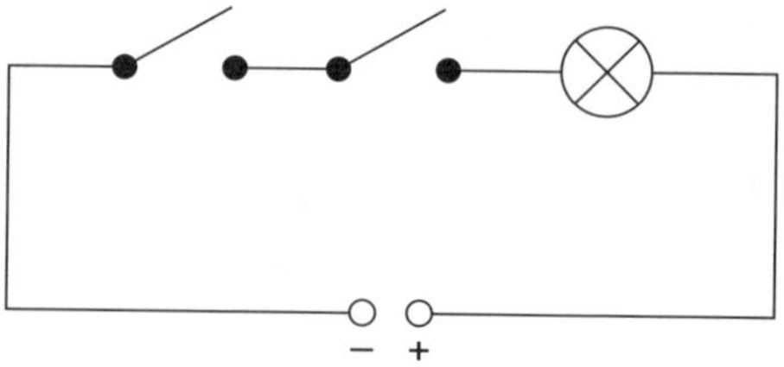

Neben der Reihen- und Parallelschaltung von Schaltern gibt es noch eine weitere Möglichkeit der Schaltung. Eine **WECHSEL-Schaltung** (auch Hotel- oder Flurschaltung genannt) schließt den Stromkreis, wenn beide Schalter die gleiche Stellung aufweisen.

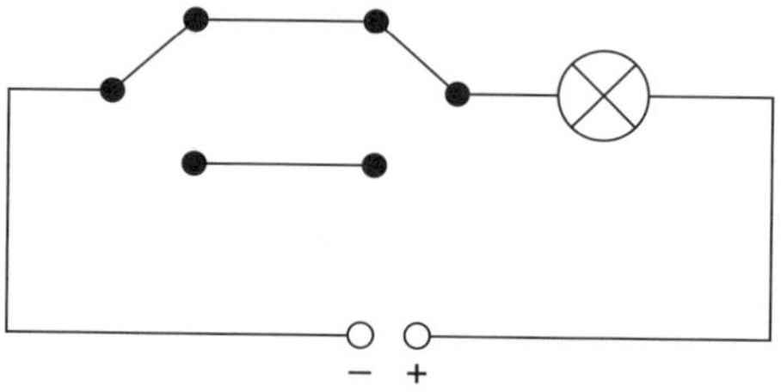

Anwendung: Die Deckenbeleuchtung in einem Wohnzimmer kann mit jedem der beiden Schalter ein- und ausgeschaltet werden.

Beispiel

Elektrische Heckenscheren besitzen einen wichtigen Sicherheitsmechanismus: Der antreibende Elektromotor kann nur starten, wenn der Schalter am Griff und zugleich der Schalter am Gelenk geschlossen sind.

Erstelle jeweils eine Schaltskizze mit den dir bekannten Schaltzeichen. Gib auch den Namen der Schaltung an.

Lösung:
Es handelt sich um eine UND-Schaltung.

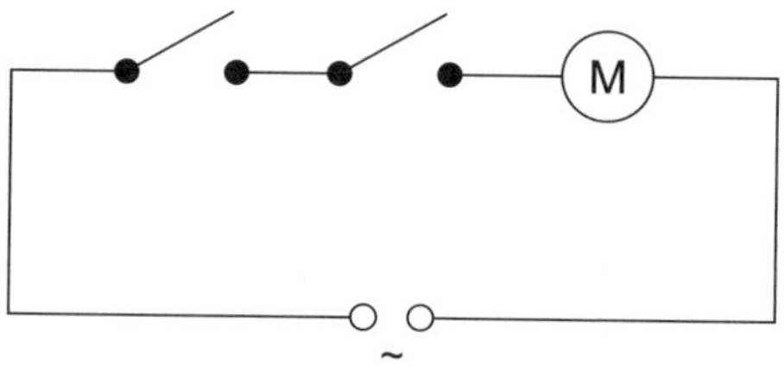

Der elektrische Strom bietet viele Vorteile, allerdings bedarf der Umgang Vorsicht. Jährlich ereignen es zahlreiche ernste Unfälle mit elektrischem Strom.

> Der menschliche Körper kann den elektrischen Strom leiten. Spannungen ab 24 V und Stromstärken ab 20 mA sind für den Menschen gefährlich.

Die Spannung von 230 V an der Haushaltssteckdose ist sehr gefährlich. Kommt es durch ein fehlerhaftes Gerät oder eine beschädigte Leitung zu einem Stromfluss durch den menschlichen Körper und den Boden, so spricht man von einem **Körperschluss** und einem **Erdschluss.** Das kann schwere Schäden hinterlassen oder sogar zum Tod führen.
Das sei an folgendem Beispiel dargestellt. Eine Person fasse einen defekten Edelstahl-Toaster an, bei dem ein Draht die Metallhülle berührt.

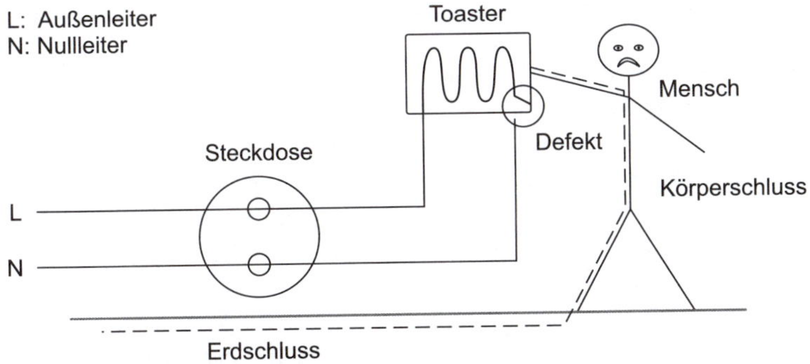

Der elektrische Strom kann im menschlichen Körper folgende Schäden anrichten:

- Herzschädigungen: Arhythmien, Herzstillstand, Herzkammerflimmern
- Atemstörungen: Verkrampfung der Atemmuskulatur
- Verbrennungen
- Nervensystem: Bewusstlosigkeit, Nervenschäden
- Schock
- Nierenschäden als Spätfolgen

Die Schäden am Körper hängen von der elektrischen Spannung, der Kontaktdauer und dem Weg des Stromflusses durch den Körper ab.

Das **Schutzkontaktsystem** (kurz: Schuko) ist ein Sicherheitssystem aus Stecker und Steckdose, das in Europa sehr verbreitet ist.

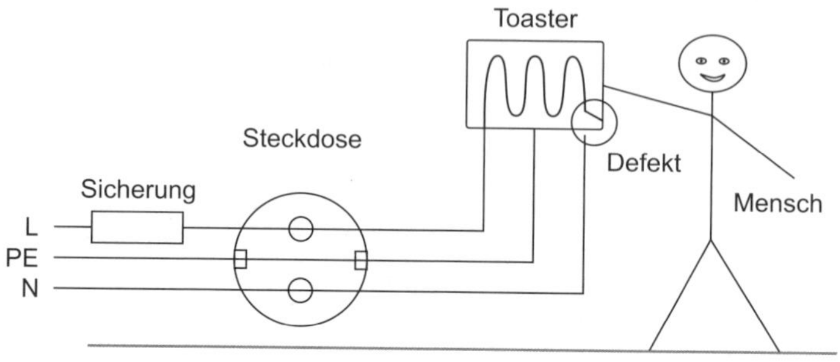

Zu einer Steckdose laufen drei Drähte: der Außenleiter (L, schwarz), der Nullleiter (N, blau) und der Schutzleiter (PE, grün-gelb).
Der Außenleiter steht unter Spannung, der Nullleiter hingegen nicht und kann als Rückleiter angesehen werden. Der Schutzleiter wird nur für Notfälle gebraucht und ist geerdet, d. h. leitend mit dem Erdreich verbunden.
Der Stecker zu einem elektrischen Gerät ist mit dem Nullleiter und Phasenleiter verbunden. Dadurch wird das elektrische Gerät betrieben. Der Schutzleiter ist mit Kontaktfedern der Steckdose verbunden.
Schukostecker sind besonders wichtig bei elektrischen Geräten mit Metallhüllen, z. B. bei dem Edelstahl-Toaster aus dem obigen Beispiel. Die Metallhülle des Geräts ist mit dem Schutzleiter verbunden.

Bei dem obigen Beispiel mit dem defekten Toaster kann der Strom über den Schutzleiter abfließen. Die Person ist nicht in Lebensgefahr. Der Stromfluss findet jetzt nur noch zwischen Außenleiter und Schutzleiter statt. Dadurch liegt ein Kurzschluss vor und die Sicherung wird in Bruchteilen einer Sekunde den Stromkreis unterbrechen.

82 a) Erkläre, was man unter elektrischem Strom versteht.

b) Wie heißen die bewegten Ladungsträger in einem gewöhnlichen Stromkreis?

c) Nenne die wesentlichen Bestandteile eines Stromkreises.

d) Erläutere, was ein Kurzschluss ist.

83 Betrachte die Schaltung und beschreibe, was man in den folgenden Fällen beobachten wird:

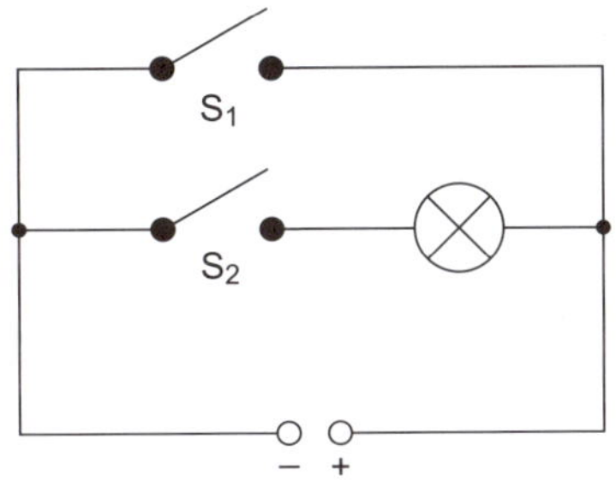

a) S_2 ist geschlossen und S_1 ist offen.

b) S_2 ist offen und S_1 ist geschlossen.

c) S_2 und S_1 sind geschlossen. Gib hierzu auch eine Erklärung an.

84 Zeichne jeweils die Schaltskizze.

a) Ein Widerstand ist in Reihe mit einem Elektromotor geschaltet und mit einer Elektrizitätsquelle für Gleichspannung verbunden.

b) In einer Taschenlampe sind zwei Batterien in Reihe geschaltet und über einen Schalter mit einem Lämpchen verbunden.

c) In einer Stehlampe sind zwei Lampen parallel geschaltet und mit einer Haushaltssteckdose (Wechselspannung) verbunden. Jede der beiden Lampen kann mit einem Schalter ein- und ausgeschaltet werden.

85 Durch Kombinationen von Schaltern lassen sich logische Schaltungen für bestimmte Zwecke realisieren.

a) Gib drei Beispiele für Schalter aus dem Alltag an.

b) Nenne die drei möglichen Anordnungen von Schaltern.

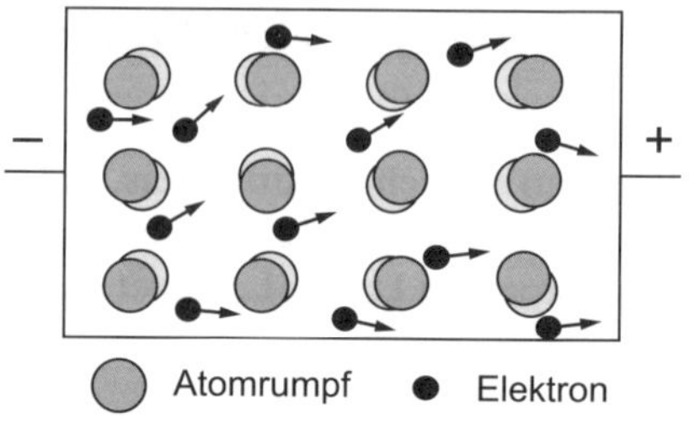

Werden an einem Metall Plus- und Minuspol angelegt, befinden sich die Elektronen in einem elektrischen Feld. Sie bewegen sich zum Pluspol. Diese Bewegung wird als Driftbewegung bezeichnet.
Die Elektronen stoßen auf ihrem Weg immer wieder gegen die Atomrümpfe und müssen durch die Elektrizitätsquelle wieder beschleunigt werden.
Durch ständige Zusammenstöße mit den Atomrümpfen geben die Elektronen einen Teil ihrer Energie ab. Die Atomrümpfe schwingen dadurch heftiger. Damit nimmt die Temperatur des Leiters zu.

Anwendungen für Metalle:
- Stromleitungen im Haushalt (Kupfer)
- Hochspannungsleitungen (Aluminiumlegierung)
- Datenkabel (Kupfer)

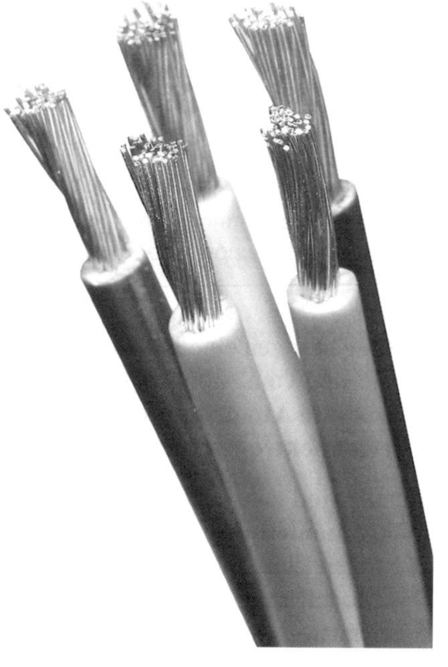

Materialien wie **Glas, Keramik, Holz** und **Kunststoffe** haben bedingt durch ihren chemischen Aufbau nur wenige freie Elektronen und können den elektrischen Strom nicht leiten.

Anwendungen für Nichtleiter:
- Kunststoffhülle von elektrischen Geräten
- Kabelmantel/Drahtisolierung aus Kunststoffen
- Keramik-Isolatoren für Hochspannungsleitungen

Es gibt eine besondere Kategorie von Stoffen, deren Leitfähigkeit zwischen der von Leitern und Nichtleitern liegt, nämlich die **Halbleiter**. Diese Materialien sind für die Computerindustrie, Solarzellen und LEDs wichtig.

Beispiele für Halbleiter:
- Silizium
- Germanium

Elektrizitätsleitung in Flüssigkeiten

Bei Flüssigkeiten ist jedes Atom mit seinem Nachbaratom verbunden, kann sich aber auch in Grenzen frei bewegen. Durch die Flüssigkeit bewegen sich keine freien Elektronen, sondern Ionen, das sind geladene Atome oder Moleküle.

> **Flüssigkeiten** können den elektrischen Strom leiten, wenn in ihnen **Ionen** vorkommen. Positiv geladene Ionen bewegen sich zur Kathode (Minuspol) und negativ geladene Ionen bewegen sich zur Anode (Pluspol). Dort werden die Ionen entladen.
> Der Vorgang wird als **Ionenleitung** bezeichnet.

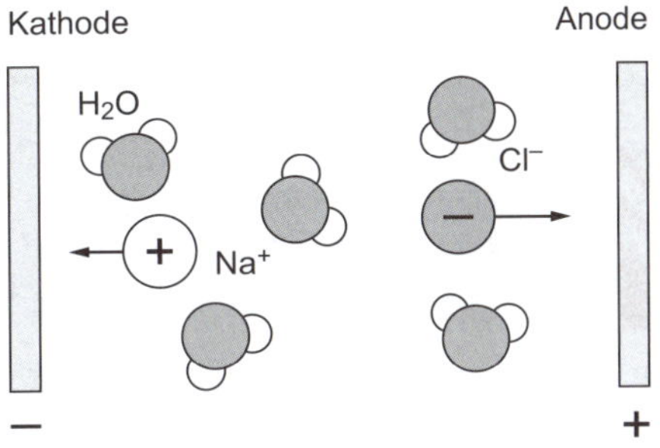

Eine **Salzlösung** enthält Ionen, die Kochsalzlösung z. B. positiv geladene Natrium-Ionen und negativ geladene Chlorid-Ionen. Diese sind hydratisiert, also von H_2O-Molekülen umgeben. Werden an die Kochsalz-Lösung Plus- und Minuspol angelegt, dann bewegen sich die Natrium-Ionen zur Kathode und die Chlorid-Ionen zur Anode. Dort werden die Ionen entladen: Das Chlorid-Iongibt ein Elektron an die Anode ab und ein Natrium-Ion nimmt ein Elektron von der Kathode auf. Der Vorgang geht so lange, bis keine Ionen mehr in der Lösung vorliegen.

Beispiele:
- Elektrolyse von (angesäuertem) Wasser: Herstellung von Wasserstoff und Sauerstoff
- Galvano-Technik: Metallische Gegenstände lassen sich mit einem anderen Metall überziehen, z. B. als Schutz vor Korrosion (Verzinken) oder zur Veredelung (Versilbern)

In **Säuren und Laugen** liegen viele Ionen vor. Dadurch kann sich auch hier der Vorgang der Ionenleitung abspielen.

Beispiele:
- Salzsäure: H^+ als H_3O^+; Cl^- (in H_2O gelöst)
- Natronlauge: Na^+; OH^- (in H_2O gelöst)

Organische Flüssigkeiten wie z. B. reines Wasser, Alkohol oder Öle enthalten keine Ionen. Es kann nicht zur Ionenleitung kommen.

Elektrizitätsleitung in Gasen

In Gasen können sich die Atome frei im Raum bewegen. Gase sind unter Normalbedingungen Nichtleiter, da in ihnen keine freien Ladungsträger vorkommen. Durch äußere Einwirkung kann ein Gas ionisiert werden, wodurch man Elektronen und Ionen erhält. Diese bewegen sich zur Anode oder Kathode und werden dort entladen.

Ionisation eines Gases ist beispielsweise durch Wärmezufuhr oder ionisierende Strahlung möglich. Dabei werden neutrale Atome oder Moleküle in Ionen und Elektronen zerlegt.

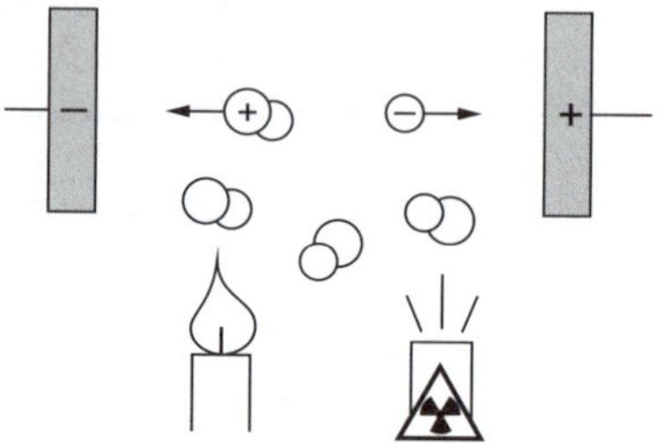

> **Gase** sind unter Normalbedingungen Nichtleiter.
> Gase können den Strom leiten, wenn sie durch äußere Einwirkungen ionisiert werden. Es finden also die Vorgänge **Elektronenleitung** und **Ionenleitung** statt.

In einem Gas können Ionen erzeugt werden. Werden Plus- und Minuspol (wieder Anode und Kathode genannt) angelegt, dann bewegen sich die Elektronen zur Anode und die positiv geladenen Ionen zur Kathode. Dort findet deren Entladung statt.

- Wird die Leitfähigkeit des Gases nur durch die äußere Einwirkung erhalten, dann spricht man von einer unselbstständigen Elektrizitätsleitung.
- Hingegen werden bei einer **selbstständigen Elektrizitätsleitung** die Ladungsträger in einem Gas selbst erzeugt. Das geschieht so: Elektronen, die zur Anode beschleunigt werden, können selbst neutrale Gasteilchen ionisieren. Dadurch entstehen wieder Elektronen und Ionen. Die Ionen können beim Auftreffen auf der Kathode Elektronen herausschlagen. Ein lawinenartiger Vorgang kann einsetzen. Ein niedriger Druck ist für den Vorgang hilfreich.

Anwendungen:
- Zündfunken einer Zündkerze
- Wolfram-Inertgas-Schweißen
- Leuchtstoffröhre

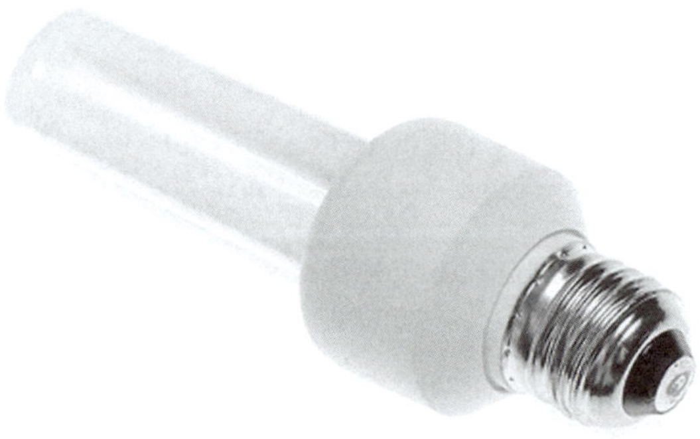

Elektronen bewegen sich in einem Leiter zum Pluspol. Man kann sich in dem Leiter eine Querschnittsfläche vorstellen und zählen bzw. messen, wie viele Elektronen und somit auch wie viel elektrische Ladung Q pro Sekunde dort hindurchgehen.

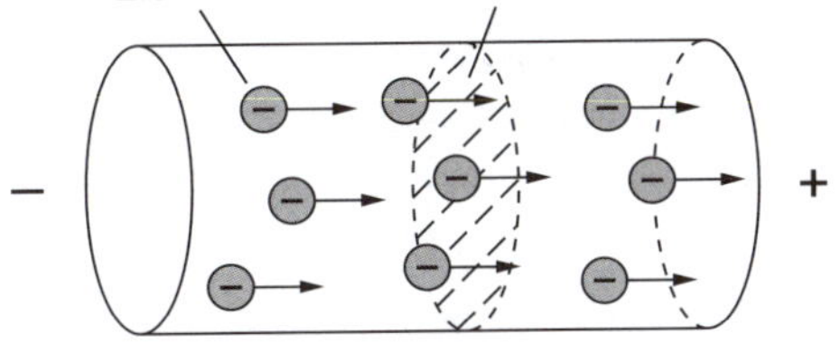

Die **elektrische Stromstärke I** gibt an, wie viel elektrische Ladung Q pro Zeit t durch eine Querschnittsfläche fließt. Man berechnet I als Quotient von Q und t.

$I = \frac{Q}{t}$

Einheit: $[I] = 1\ A = 1\ \frac{C}{s}$ (1 Ampere)

Bei einer elektrischen Stromstärke von 1 Ampere fließt die Ladung 1 Coulomb pro Sekunde durch eine Querschnittsfläche. Das entspricht 6,24 Trillionen Elektronen.

Die elektrische Stromstärke wird mit einem **Stromstärkemessgerät** (auch **Amperemeter** genannt) gemessen. Dieses muss im Stromkreis in **Reihe** geschaltet sein.

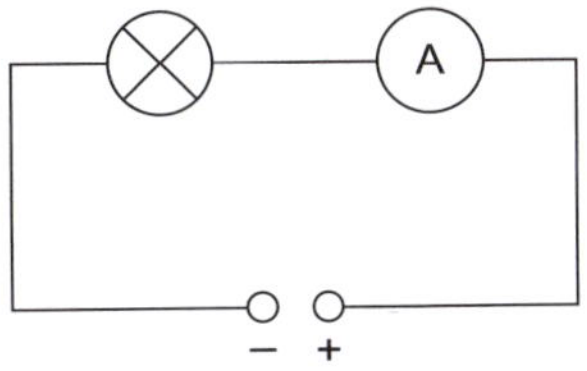

Beispiel

Durch die Querschnittsfläche eines Stromkabels fließen 20,0 C in 2,5 Sekunden.
Berechne die Stromstärke I.

Lösung:

Geg.: Q = 20,0 C; t = 2,5 s
Ges.: I

$I = \frac{Q}{t}$

$I = \frac{20{,}0\ C}{2{,}5\ s}$ 2 gültige Ziffern [TR: 8]

$I = 8{,}0\ \frac{C}{s}$

$I = 8{,}0\ A$

87 a) Erkläre, was man unter Leitern und Nichtleitern versteht.

b) Es soll experimentell herausgefunden werden, ob ein Körper ein Leiter oder ein Nichtleiter ist.
Erstelle hierfür eine Schaltskizze.

c) Gib jeweils drei Beispielstoffe für Leiter und Nichtleiter an.

d) Was versteht man unter Halbleitern? Nenne ein Beispiel.

88 a) Beschreibe den inneren Aufbau von Metallen.

b) Erkläre, was passiert, wenn an ein Metallstück Plus- und Minuspol angeschlossen werden.

c) Benenne den Leitungsvorgang in Metallen.

d) Erkläre, in welchen Fällen sich Ionenleitung ereignet. Gib zusätzlich die Voraussetzungen dafür an.

89 Der Akku eines Handys muss vollständig aufgeladen werden. Auf dem Akku ist die Angabe 2 000 mAh zu finden. Der Ladevorgang dauert 48,5 Minuten.
Berechne den Ladestrom.

90 Durch ein Stromkabel, das die Lichtanlage für ein Konzert versorgt, fließen 30,00 A. Die Veranstaltung dauert 4 h 35 min.
Ermittle die elektrische Ladung in kC, die während der Veranstaltung durch das Kabel fließt.

91 In einem Stromkreis ist ein LED-Lämpchen durch zwei Drähte mit den Polen einer Batterie verbunden. Mit einem dazu in Reihe geschalteten Stromstärkemessgerät werden 10 mA gemessen.
Berechne, wie lange es dauert, bis eine Trillion Elektronen durch das Messgerät geflossen sind.

18 Das Magnetfeld stromdurchflossener Leiter

Der dänische Physiker und Chemiker Hans Christian Oersted entdeckte während einer Vorlesung im Jahr 1820 einen interessanten Effekt: Eine Kompassnadel wurde von einen stromdurchflossenen Leiter abgelenkt. Damit war der Zusammenhang zwischen Elektrizität und Magnetismus entdeckt.

Jeder stromdurchflossene Leiter besitzt ein Magnetfeld. Dieser Zusammenhang wird **Elektromagnetismus** genannt. Die magnetischen Feldlinien sind geschlossene Bahnen, die konzentrisch um den Leiter verlaufen.

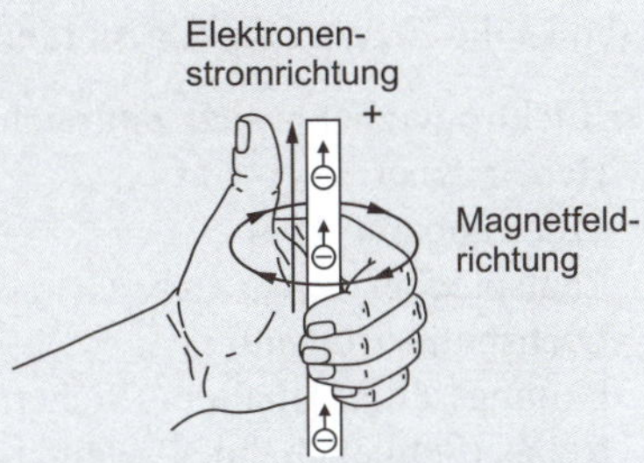

Mithilfe der **Linke-Faust-Regel/Umfassungs-Regel** lässt sich die Richtung der magnetischen Feldlinien bestimmen:
Umfasst man den Leiter mit der linken Hand und zeigt mit dem Daumen in die Bewegungsrichtung der Elektronen, so geben die Kuppen der gekrümmten Finger die Richtung der magnetischen Feldlinien an.

Eine **Spule** ist die Wicklung eines Leiterdrahtes. Fließt durch eine Spule Strom, so besitzt auch diese ein Magnetfeld. Die Linke-Faust-Regel/Umfassungs-Regel kann auf jedes Drahtstück der Spule angewendet werden.
Das Spuleninnere weist eine Besonderheit auf: Die Feldlinien besitzen gleiche Dichte und Richtung. Im Inneren liegt also ein homogenes Magnetfeld vor.

Eine stromdurchflossene **Spule** besitzt ein Magnetfeld. Die Feldlinien im Inneren der Spule sind nahezu **homogen**. Nach außen wirkt die Spule wie ein Stabmagnet mit Nordpol und Südpol.

Linke-Hand-Regel/Schrauben-Regel
Hält man die linke Hand entlang der Spulenachse und lässt die Finger in die Bewegungsrichtung der Elektronen zeigen, so deutet der Daumen in die Richtung der austretenden magnetischen Feldlinien (Nordpol).

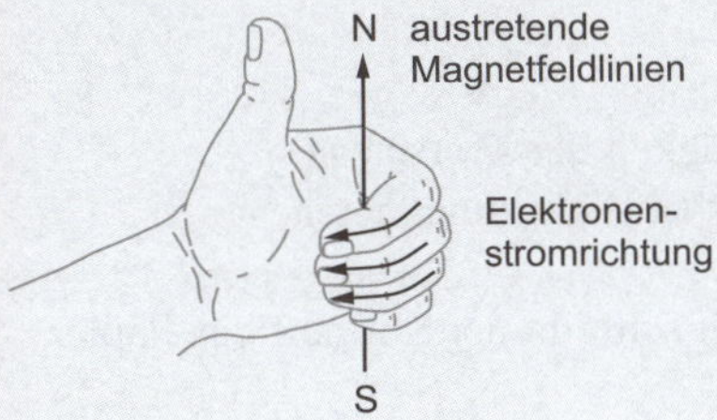

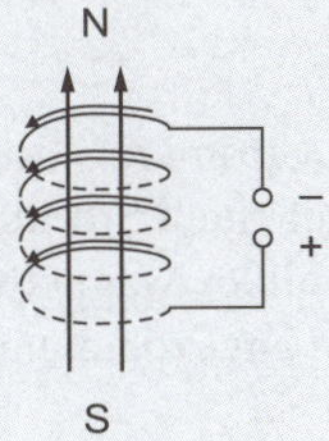

Das Magnetfeld der stromdurchflossenen Spule lässt sich verstärken, indem man einen Eisenkern einbringt. Dann spricht man von einem Elektromagneten.

Ein **Elektromagnet** ist eine stromdurchflossene Spule mit einem Eisenkern.

Ein Elektromagnet hat gegenüber einem Permanentmagneten zwei wesentliche Vorteile. Zum einen kann das Magnetfeld ein- und ausgeschaltet werden, zum anderen ist die Erzeugung sehr starker Magnetfelder möglich.

Der Elektromagnet besitzt zahlreiche Anwendungen, unter anderem diese:
- Hebemagnet
- Morseapparat
- Lautsprecher
- Drehspulinstrument
- Leitungsschutzschalter („Sicherung“)
- Relais (Schließen eines zweiten Stromkreises)
- Haltemechanismus des Toasters

Beispiel

Der Morseapparat/Schreibtelegraf war von der Mitte des 19. Jahrhunderts bis zur Mitte des 20. Jahrhunderts ein wichtiges Kommunikationsmittel.
Erkläre die Funktionsweise des Apparats.

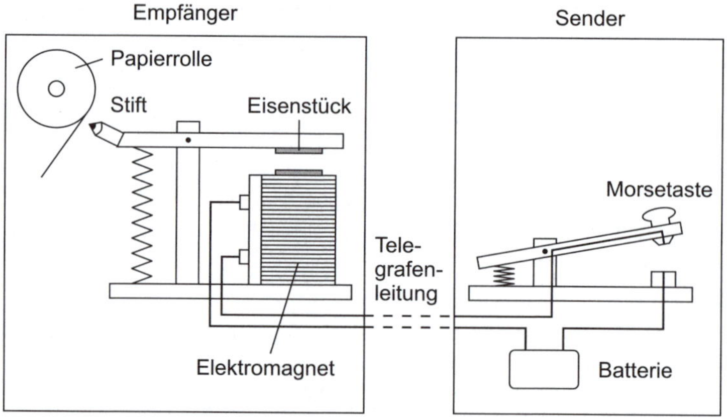

Lösung:
- Sender schließt Stromkreis durch Drücken der Morsetaste
- Beim Empfänger fließt Strom durch den Elektromagneten
- Elektromagnet bildet Magnetfeld
- Eisenstück wird angezogen und damit schreibt der Stift auf das Papier

92 a) Beschreibe das Magnetfeld eines geraden stromdurchflossenen Leiters.

b) Was ist ein Elektromagnet?

c) Zeichne jeweils die Magnetfeldlinien ein. Bei der Leiterschleife und der Spule müssen keine geschlossenen Bahnen dargestellt werden. Der Pfeil gibt jeweils die Elektronenstromrichtung in der Spule an.

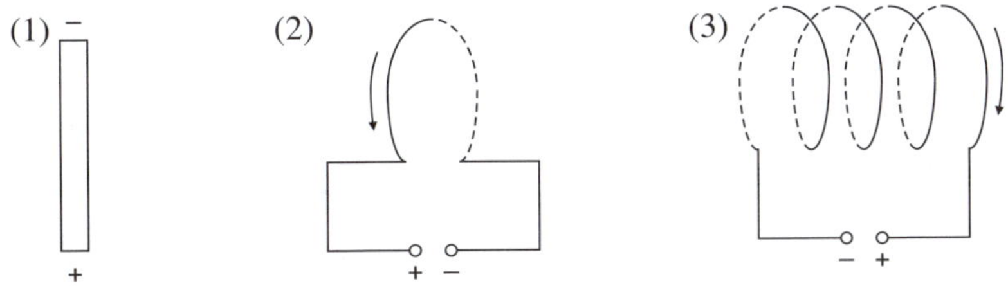

93 Das Relais ist ein Bauteil der Elektronik. Mit diesem kann ein zweiter Stromkreis geöffnet oder geschlossen werden. So werden zum Beispiel in einem Auto die Scheinwerfer über ein Relais geschaltet.

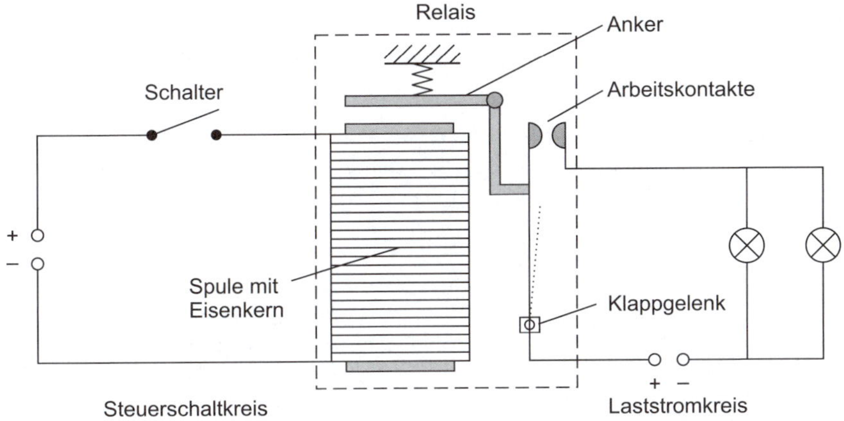

a) Was passiert beim Schließen des Schalters?

b) Bestimmt wunderst du dich, warum die Lampen nicht direkt in einem Steuerstromkreis mit dem Schalter eingebaut werden. Überlege, welchen Vorteil die Schaltung mithilfe des Relais hat.

19 Stromdurchflossene Leiter im Magnetfeld

Was passiert, wenn man einen Leiter, der von einem Magnetfeld umgeben ist, in ein weiteres Magnetfeld bringt?
Bei dem Experiment kann man beobachten, dass eine Kraft senkrecht zur Bewegungsrichtung der Elektronen und senkrecht zur Magnetfeldrichtung wirkt. Der Leiter wird in der Abbildung nach rechts bewegt.

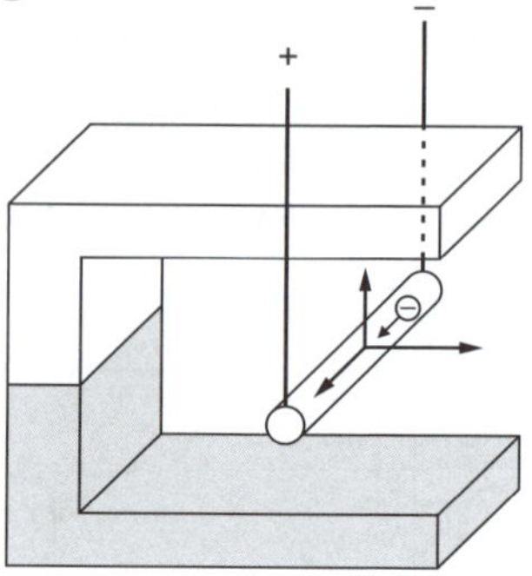

Auf einen stromdurchflossenen Leiter in einem Magnetfeld wirkt eine Kraft, die **Lorentzkraft.** Die Richtung dieser Kraft ist senkrecht zur Elektronenstromrichtung und auch senkrecht zur Magnetfeldrichtung.

Die Lorentzkraft kommt durch jedes einzelne bewegte Elektron im Leiter zustande. Die vielen kleinen Kräfte addieren sich zu einer größeren Kraft.

Mithilfe der **UVW-Regel der linken Hand** (Drei-Finger-Regel der linken Hand) lässt sich die Richtung der Lorentzkraft bestimmen. Der Daumen, der Zeigefinger und der Mittelfinger müssen so abgespreizt werden, dass sie jeweils senkrecht zueinander stehen.

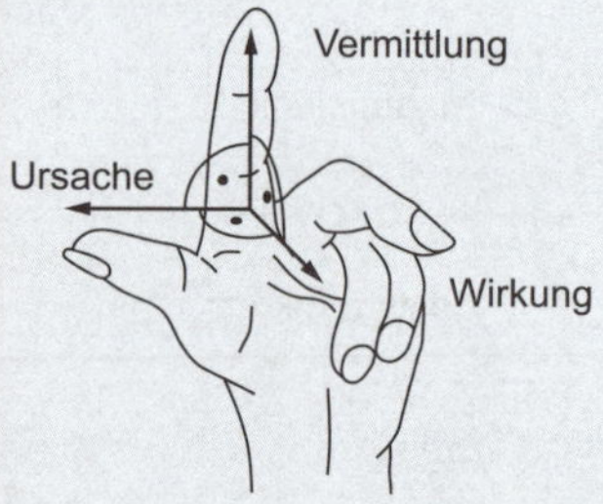

Ursache:	Elektronenstromrichtung (von – nach +)
Vermittlung:	Magnetische Feldrichtung (von N nach S)
Wirkung:	Richtung der Lorentzkraft

Die Lorentzkraft fällt kleiner aus, wenn der Winkel zwischen Elektronenstromrichtung und magnetischer Feldrichtung kein rechter Winkel, sondern kleiner ist. Sind Elektronenstromrichtung und magnetische Feldrichtung parallel, so gibt es keine Lorentzkraft.

Die Wirkung der Lorentzkraft ist nicht auf den geraden Leiter beschränkt. Die Regel ist auf jede bewegte Ladung im Magnetfeld anwendbar, z. B. wenn ein Elektron durch ein Magnetfeld fliegt.

Wenn die Ladung positiv ist, muss der Daumen in die Gegenrichtung der positiven Ladungen zeigen.

Lorentzkräfte haben bei den Anwendungen Elektromotor, Generator und Induktionsherd eine wesentliche Bedeutung.

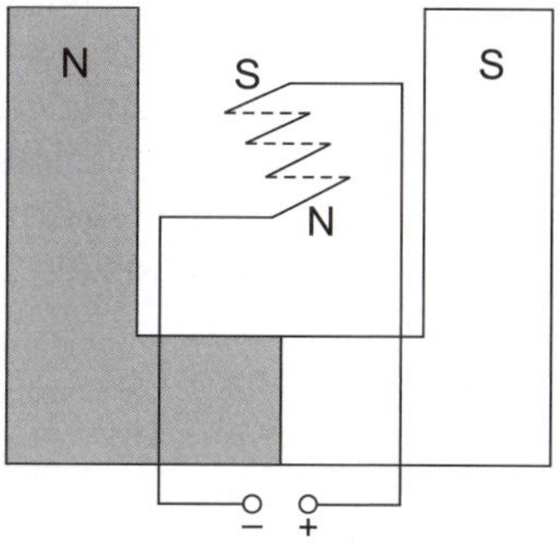

Was passiert, wenn sich eine stromdurchflossene Spule in einem äußeren Magnetfeld befindet?
Die stromdurchflossene Spule besitzt ein Magnetfeld, dessen Polung du mit der Linke-Hand-Regel/Schrauben-Regel herausfinden kannst.
Das Magnetfeld der Spule und das äußere Magnetfeld treffen aufeinander. Zwischen der Spule und dem Magneten wirken also magnetische Kräfte.
Ist die Spule drehbar gelagert, kommt es zur Drehung. Die Drehbewegung endet, wenn sich ungleichnamige magnetische Pole gegenüberstehen, also nach spätestens 180°. Um eine durchgehende Drehbewegung der Spule zu erhalten, müsste die Stromrichtung durch die Spule umgepolt werden.

Das **Drehspulinstrument** wird zur analogen Messung der Stromstärke verwendet.

Aufbau: Ein Elektromagnet, das ist in der Abbildung die Spule mit dem Eisenkern, befindet sich in dem Magnetfeld des Hufeisenmagnets. Der Elektromagnet ist drehbar gelagert, mit einer Rückstellfeder verbunden und an ihm ist ein Zeiger befestigt, der auf eine Skala deutet.
Die Enden der Spule des Elektromagneten sind mit den Anschlüssen des Messgeräts verbunden.

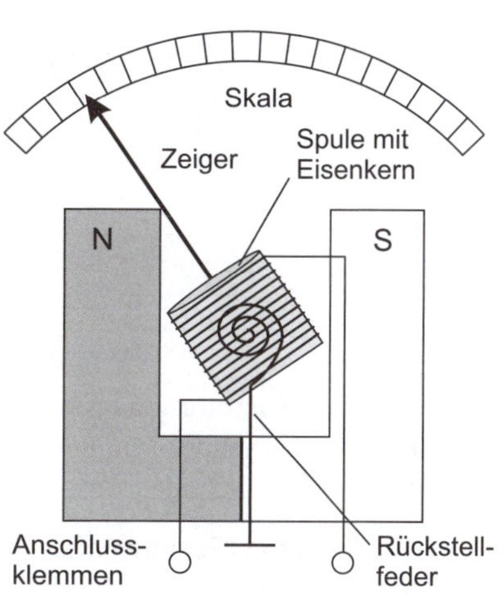

Funktionsweise:

- In einem Stromkreis fließt Strom mit einer bestimmten Stromstärke.
- Durch die Reihenschaltung des Messgeräts in den Stromkreis fließt ein Strom mit einer bestimmten Stromstärke durch den Elektromagneten.
- Der Elektromagnet besitzt ein Magnetfeld mit einer bestimmten Stärke.
- Zwischen dem Elektromagneten und dem äußeren Magnetfeld wirkt eine Kraft mit einem bestimmten Betrag. Dadurch ist ein bestimmter Drehwinkel möglich, bis sich ein Kräftegleichgewicht mit der Rückstellfeder einstellt. Denn je weiter die Rückstellfeder ausgelenkt ist, desto größer ist ihre Rückstellkraft.
- Der Zeiger weist durch den bestimmten Drehwinkel auf den entsprechenden Wert auf der Stromstärke-Skala.

Der **Elektromotor** ist eine der wichtigsten Erfindungen unserer Zivilisation. Er ist in vielen Anwendungen im Haushalt (z. B. Rührgerät, Ventilator, CD-/DVD-Laufwerk), im Fahrzeug (z. B. Anlasser, automatische Fensterheber, Belüftung) oder auch als Antrieb in Fahrzeugen (Bahn, Elektrofahrzeuge) verbaut.

Der Elektromotor **wandelt elektrische** Energie in **mechanische** Energie um.

Aufbau:

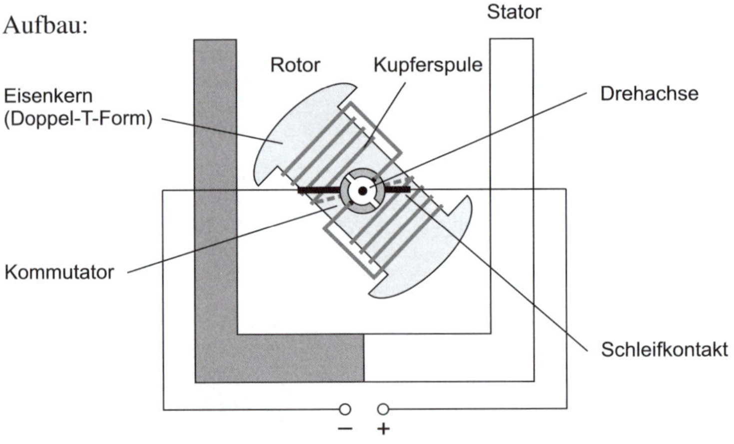

Zu einem Elektromotor gehören die folgenden Bestandteile:

- **Stator:** feststehender Magnet (in der Abbildung der Hufeisenmagnet)
- **Rotor:** drehbare Spule

Der **Kommutator** (Stromwender) ist ein fester Teil des Rotors. Er besteht aus zwei metallischen Halbringen, die zueinander isoliert sind. Jeder Halbring ist mit einem Ende der Spule verbunden.
Durch **Schleifkontakte** wird ein schleifender Kontakt mit den Polen einer Elektrizitätsquelle für Gleichspannung hergestellt.

Funktionsweise:

- Die Rotation des Ankers kommt durch die Anziehung bzw. Abstoßung zwischen Stator und Rotor zustande.
- Der Kommutator dreht die Stromrichtung in der Ankerspule nach dem Totpunkt (in der Abbildung der waagrechten Stellung) um. Dadurch ändert sich die magnetische Polung des Ankers. Gleichnamige magnetische Pole stehen sich gegenüber; die Rotation geht weiter.

94 a) Nenne die Bedingungen für das Auftreten der Lorentzkraft.

b) Wie ist die UVW-Regel der linken Hand anzuwenden?

c) In einem Experiment wird ein dicker Kupferdraht auf zwei Drahtstücke gelegt, die mit einem Minuspol und einem Pluspol verbunden sind. Zudem liegt ein homogenes Magnetfeld vor. Was passiert? Zeichne die Bewegungsrichtung der Elektronen und die Richtung der Lorentzkraft ein.

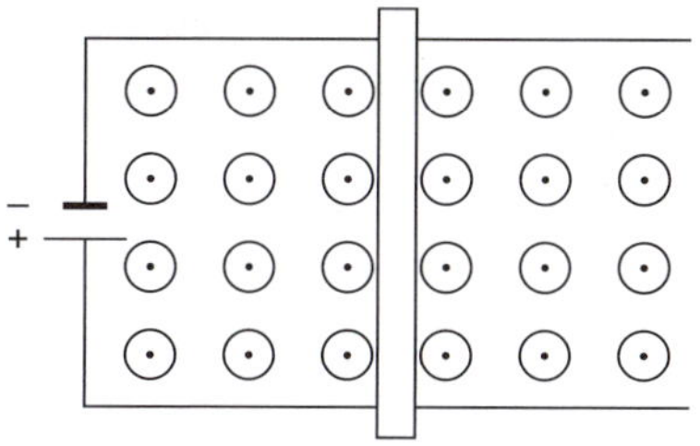

95 Zeichne jeweils die Richtung der Lorentzkraft ein.

a)

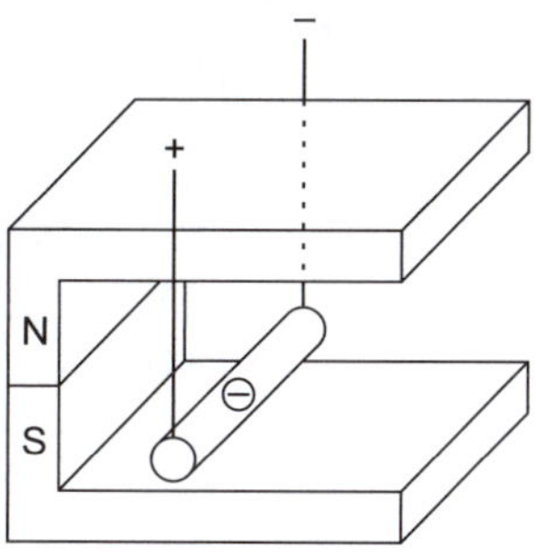

b)

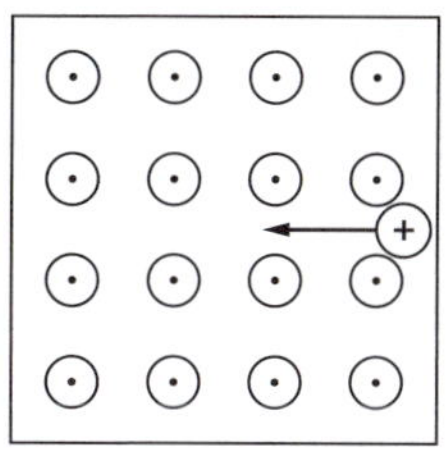

c)

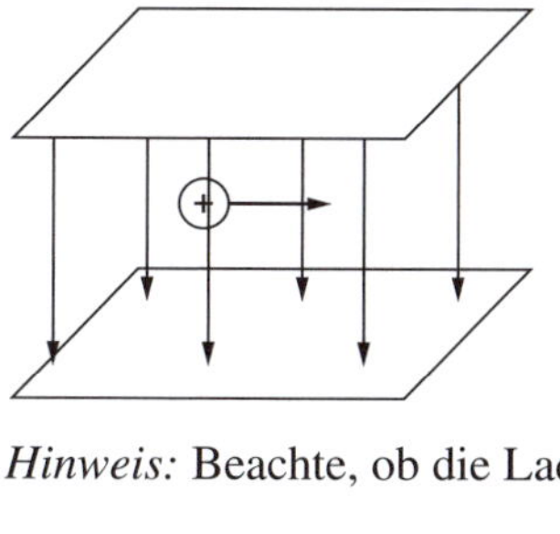

d)

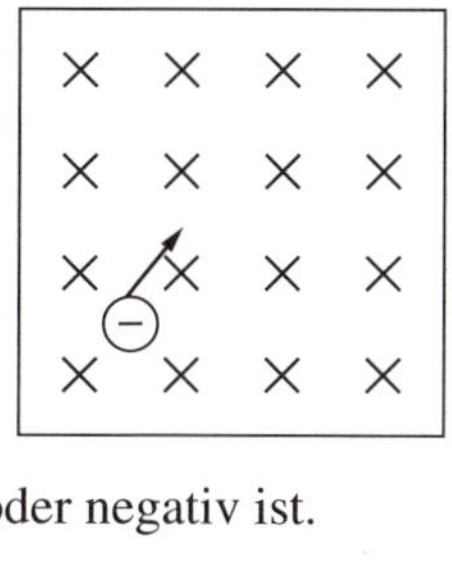

Hinweis: Beachte, ob die Ladung positiv oder negativ ist.

96 a) Eine Spule befindet sich zwischen den Polen eines Hufeisenmagneten und ist drehbar gelagert. Erkläre, wie die Drehung der Spule zustande kommt, und gib die Drehrichtung an.

b) Wie groß ist der maximale Drehwinkel? Begründe.

c) Erläutere, welche Veränderungen man beim Versuchaufbau von Teilaufgabe a vornehmen muss, um den Aufbau als Drehspulinstrument nutzen zu können.

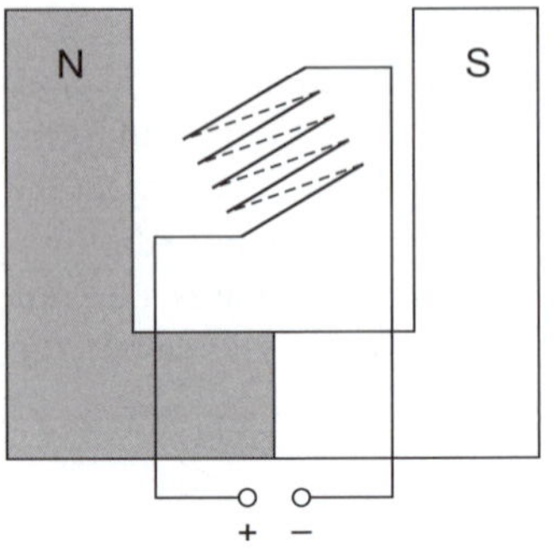

97 a) Beschreibe die Energieumwandlung eines Elektromotors.

b) Nenne die beiden Hauptbestandteile eines Elektromotors.

c) Welche Funktion hat der Kommutator?

d) Nenne vier Anwendungen des Elektromotors.

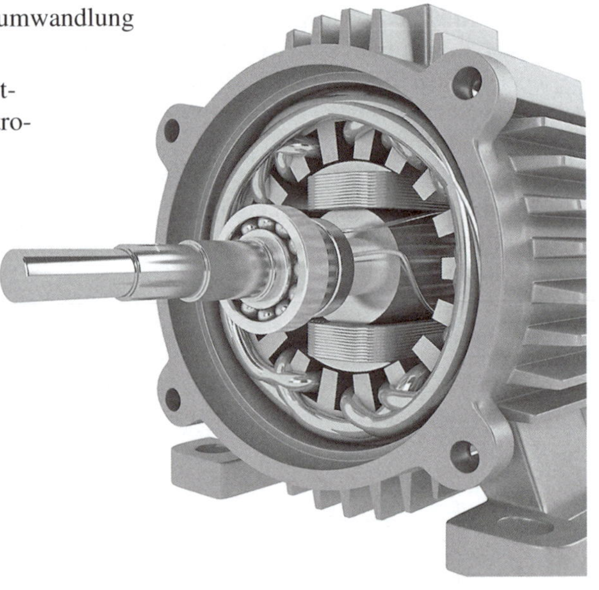

20 Elektrische Energie und Arbeit

Der elektrische Strom kostet Geld. Doch wofür zahlt man eigentlich?
Auf der jährlichen Stromrechnung findet man Angaben wie 3 000 kWh. Das ist die elektrische Energie in der häufig verwendeten Einheit Kilowattstunde. Die Messung erfolgt durch einen Energiezähler im Haus, den man jährlich abzulesen hat.
Die anfallenden Kosten beziehen sich also auf die elektrische Energie, die man der Steckdose und damit dem Verbundnetz entnommen hat.

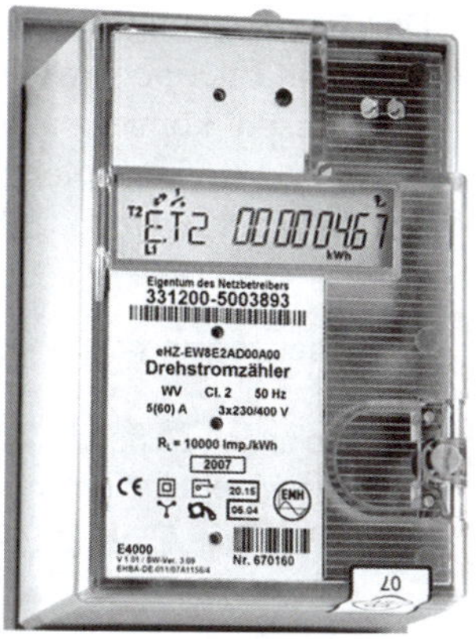

> Als **elektrische Energie E_{el}** bezeichnet man die Energie, die in elektrischen Feldern gespeichert oder durch elektrischen Strom übertragen werden kann.
> Einheit: $[E_{el}] = 1$ J (Joule)
> weitere Einheit: 1 kWh $= 3{,}6$ MJ $= 3{,}6 \cdot 10^6$ J (1 Kilowattstunde)

Die Elektrizitätsquelle trennt die Plus- und Minusladungen und baut so ein elektrisches Feld auf. In der getrennten Anordnung der Ladungen ist die elektrische Energie im elektrischen Feld gespeichert.
In einem geschlossenen Stromkreis ereignet sich Ladungsausgleich, d. h., die frei beweglichen Elektronen bewegen sich zum Pluspol. Durch Zusammenstöße mit Atomrümpfen werden die Elektronen abgebremst und müssen durch das elektrische Feld wieder beschleunigt werden. Dadurch verrichtet die Elektrizitätsquelle an den Elektronen Arbeit. Insgesamt ergibt sich für die Elektronen eine mittlere Driftgeschwindigkeit.
Es entsteht ein Kreislauf: Die Elektronen werden am Pluspol entladen. Die Elektrizitätsquelle sorgt durch Ladungstrennung für den Nachschub an Ladungen.

> Durch die Vorgänge der **Ladungstrennung** und **Ladungsbeschleunigung** wird an den elektrischen Ladungen Arbeit verrichtet. Dadurch erhalten sie **elektrische Energie.**

Es gibt weitere Möglichkeiten der Bereitstellung elektrischer Energie:

- Reibung: mechanische Energie → elektrische Energie
- Solarzelle: Strahlungsenergie → elektrische Energie

- Generator: mechanische Energie → elektrische Energie
- Batterie/Akku: chemische Energie → elektrische Energie
  Durch die Ladungstrennung und die Ladungsbeschleunigung haben die Elektronen an Energie gewonnen und sind damit Energieträger. Auf ihrem Weg zum Pluspol können sie damit elektrische Arbeit an einem Energiewandler verrichten. So kann elektrische Energie in eine andere Energieform umgewandelt werden, z. B. in Strahlungsenergie oder mechanische Energie.

Die **Übertragung** der elektrischen Energie geschieht durch den **elektrischen Strom**.
Die elektrische Energie kann in andere Energieformen umgewandelt werden. Dies geschieht im Stromkreis durch Energiewandler („Verbraucher"). Die Elektronen verrichten an diesen **elektrische Arbeit W_{el}**.

Beispiele für Energiewandler:
- Lämpchen: elektrische Energie → Strahlungsenergie
- Elektromotor: elektrische Energie → mechanische Energie
- Heizdraht: elektrische Energie → innere Energie
- Akku aufladen: elektrische Energie → chemische Energie

In der folgenden Grafik sind die Zusammenhänge dargestellt:

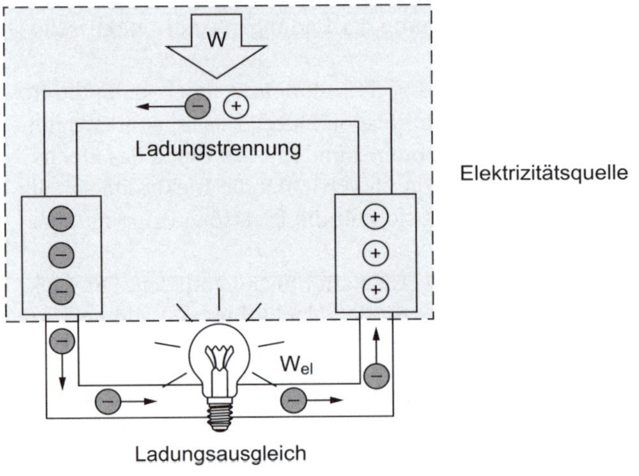

Hinweis: Im Alltag werden oft physikalisch falsche Begriffe wie Energieverbrauch verwendet. Nach dem Energieerhaltungssatz wird Energie weder erzeugt noch vernichtet. Es ereignen sich nur Energieumwandlungen.

Kennt man den Energiepreis z und die Energie E, so kann man die **Energiekosten K** berechnen:
$K = z \cdot E$

Der Energiepreis z, umgangssprachlich oft auch Strompreis genannt, gibt an, wie viel Geld eine bestimmte Energiemenge kostet.
Da der Energiepreis z und der Energiewert K exakte Größen sind, entscheiden sie nicht über die gültigen Ziffern.

Beispiele

1. Rechne die folgenden Energien in die angegebene Einheit um.
a) 2,0 kWh in J
b) 36 MJ in kWh

Lösung:

a) $E = 2{,}0\ \text{kWh}$

$E = 2{,}0\ \text{kWh} \cdot \frac{3{,}6\ \text{MJ}}{1\ \text{kWh}}$ 2 gültige Ziffern [TR: 7,2]

$E = 7{,}2\ \text{kWh} \cdot \frac{\text{MJ}}{\text{kWh}}$

$E = 7{,}2\ \text{MJ}$

b) $E = 36\ \text{MJ}$

$E = 36\ \text{MJ} \cdot \frac{1\ \text{kWh}}{3{,}6\ \text{MJ}}$ 2 gültige Ziffern [TR: 10]

$E = 10\ \text{MJ} \cdot \frac{\text{kWh}}{\text{MJ}}$

$E = 10\ \text{kWh}$

2. Die Kosten für 1 kWh elektrische Energie betragen 0,20 €.
Bestimme den Energiepreis.

Lösung:
Für den Energiepreis z gilt: $z = 0{,}20\ \frac{€}{\text{kWh}}$

3. a) Ein Haushalt mit zwei Personen benötigt in einem Jahr 2 500 kWh elektrische Energie. Für 1 kWh sind 0,18 € zu entrichten.
Berechne die Energiekosten dieses Haushalts.

b) Durch eine Solaranlage konnte ein Hausbesitzer in einem Jahr 1 500 € verdienen. Er erhielt 30 Cent für jede Kilowattstunde, die in das Verbundnetz eingespeist wurde.
Ermittle, wie viel Energie eingespeist wurde.

Lösung:

a) Geg.: $E = 2\,500\ \text{kWh}$; $z = 0{,}18\ \frac{€}{\text{kWh}}$ (exakter Wert)

Ges.: K

$K = z \cdot E$

$K = 2\,500\ \text{kWh} \cdot 0{,}18\ \frac{€}{\text{kWh}}$ 4 gültige Ziffern [TR: 450]

$K = 450{,}0\ \text{kWh} \cdot \frac{€}{\text{kWh}}$

$K = 450{,}0\ €$

b) Geg.: $K = 1\,500\ €$; $z = 0{,}30\ \frac{€}{\text{kWh}}$ (exakter Wert)

Ges.: E

$K = z \cdot E \quad \Rightarrow \quad E = \frac{K}{z}$

$E = \frac{1\,500\ €}{0{,}30\ \frac{€}{\text{kWh}}}$ exakter Wert [TR: 5 000]

$E = 5\,000\ \frac{€}{\frac{€}{\text{kWh}}}$

$E = 5\,000\ \text{kWh}$

98 a) Nenne die beiden Aufgaben einer Elektrizitätsquelle.

b) Gib drei Möglichkeiten für die Bereitstellung elektrischer Energie an.

c) Ein Lämpchen wird mit einer Batterie betrieben.
Beschreibe die Vorgänge im Energiewandler Lämpchen.

d) Erkläre, warum der Begriff „Energieverbrauch“ physikalisch falsch ist.

99 Wandle jeweils in die angegebene Einheit um. Achte dabei auf gültige Ziffern.

a) 6,0 kWh in MJ

b) 9,00 MWh in GJ

c) 1,42 GJ in kWh

100 Die Stromrechnung des letzten Jahres betrug bei Familie Schreiber 1 056,28 €. Berechne, wie viele Kilowattstunden Familie Schreiber benötigte, wenn 25 Cent für eine Kilowattstunde berechnet wurden.

21 Die elektrische Spannung

Von Batterien kennst du Angaben wie 1,5 V oder 4,5 V. Was ist der Unterschied zwischen einer Batterie mit 1,5 V und einer mit 4,5 V?
Bei der Batterie mit 4,5 V kann jedes Elektron dreimal so viel elektrische Arbeit verrichten.
Vielleicht weißt du auch, dass an der Steckdose im Haushalt 230 V anliegen. Die Angaben beziehen sich auf eine wichtige Größe im Stromkreis, die elektrische Spannung.

> Die **elektrische Spannung U** gibt an, wie viel elektrische Arbeit W_{el} pro Ladung Q verrichtet wird. Damit ist die elektrische Spannung ein Maß dafür, wie stark die Elektronen angetrieben werden.
> $U = \frac{W_{el}}{Q}$
> Einheit $[U] = 1\ V = 1\ \frac{J}{C}$ (1 Volt)

Die elektrische Spannung ist die wesentliche Kenngröße einer Elektrizitätsquelle. Sie kann fest (z. B. bei einer Batterie) oder regelbar (z. B. bei einem Netzgerät) sein.

Die elektrische Spannung ist die **Ursache** für den elektrischen Strom. Der Stromkreis muss geschlossen sein, damit elektrischer Strom fließen kann.

Die folgenden beiden Schaltskizzen verdeutlichen den Zusammenhang:

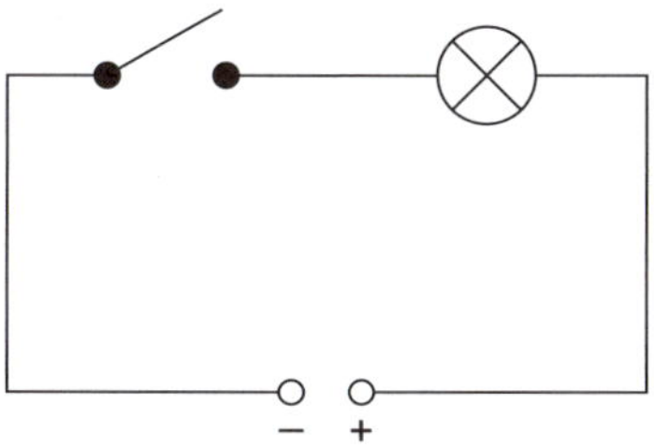

elektrische Spannung: ja
elektrischer Strom: nein
Das Lämpchen leuchtet nicht.

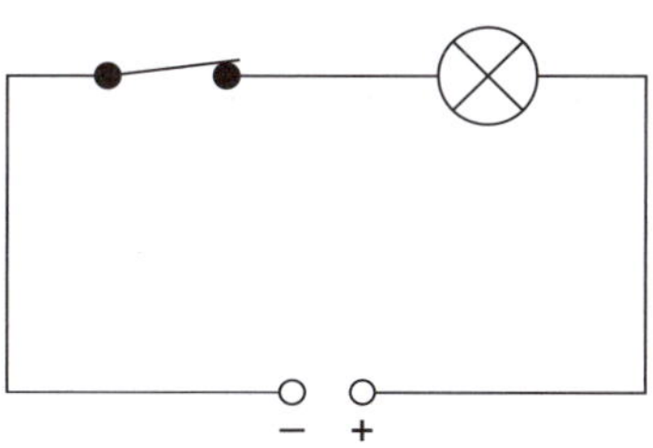

elektrische Spannung: ja
elektrischer Strom: ja
Das Lämpchen leuchtet.

Man unterscheidet zwei Spannungsbegriffe:

- An der Elektrizitätsquelle besteht eine **Quellenspannung** (U_0). An den Elektronen wird Arbeit verrichtet, wodurch sie Energie erhalten.
- An dem Energiewandler findet ein **Spannungsabfall** (U_L) statt. Die Elektronen verrichten Arbeit und geben ihre Energie ab.

In der Schaltskizze ist die anliegende Spannung genauso groß wie die abfallende Spannung. Das gilt nur, wenn genau ein Energiewandler im Stromkreis vorliegt.
Bei zwei oder mehr Energiewandlern im Stromkreis wird die Spannung aufgeteilt.
Die Stromstärke hängt von der Spannung und dem verwendeten Energiewandler (z. B. Lämpchen, Elektromotor) ab.

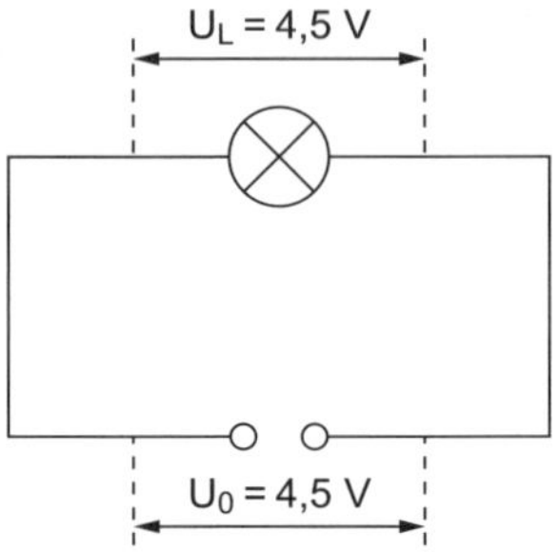

Man unterscheidet zwei Arten von Spannungen:

- **Gleichspannung:** Die Anschlüsse besitzen eine feste Polung.
- **Wechselspannung:** Die Polung der Anschlüsse wechselt zeitlich.

Die elektrische Spannung wird mit einem **Spannungsmessgerät** (auch **Voltmeter** genannt) gemessen. Dieses muss im Stromkreis **parallel** zu der Elektrizitätsquelle oder dem Energiewandler geschaltet werden.

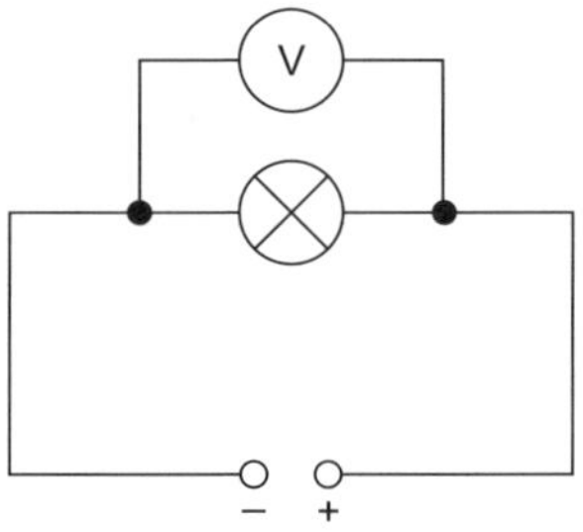

Beispiel

a) Durch die elektrische Ladungsmenge 1,00 Coulomb wird die elektrische Arbeit von 4,5 J an einem Lämpchen verrichtet.
Berechne die elektrische Spannung.

b) Bestimme, wie viel elektrische Arbeit die elektrische Ladung 100 C bei einer elektrischen Spannung von 9,00 V verrichten kann.

Lösung:

a) Geg.: $Q = 1{,}00\ C$; $W_{el} = 4{,}5\ J$
Ges.: U

$$U = \frac{W_{el}}{Q}$$

$$U = \frac{4{,}5\ J}{1{,}00\ C}$$ 2 gültige Ziffern [TR: 4,5]

$$U = 4{,}5\ \frac{J}{C}$$

$$U = 4{,}5\ V$$

b) Geg.: $Q = 100\ C$; $U = 9{,}00\ V$

Ges.: W_{el}

$$U = \frac{W_{el}}{Q} \Rightarrow W_{el} = U \cdot Q$$

$W_{el} = 9{,}00\ V \cdot 100\ C$ 2 gültige Ziffern [TR: 4,5]

$W_{el} = 900\ V \cdot C$

$W_{el} = 900\ \frac{J}{C} \cdot C$

$W_{el} = 900\ J$

101 a) Erkläre, was man unter dem Begriff der elektrischen Spannung versteht.

b) Stelle dar, was der Unterschied zwischen einer 1,5-V-Batterie und einer 9,0-V-Batterie ist.

c) Erkläre den Zusammenhang zwischen elektrischer Spannung und elektrischem Strom.

d) Was ist der Unterschied zwischen einer Gleichspannung und einer Wechselspannung?

e) Gib an, was bei der Messung der Spannung zu berücksichtigen ist.

102 Ein Lämpchen ist mit einer 9,0-V-Batterie verbunden. Die elektrische Stromstärke beträgt 0,80 A.

a) Berechne die Ladungsmenge, die pro Sekunde durch das Lämpchen fließt.

b) Warum kann man davon ausgehen, dass die anliegenden 9,0 V vollständig an dem Lämpchen abfallen?

c) Wie viel elektrische Arbeit kann die Ladung aus Teilaufgabe a verrichten?

d) Berechne die elektrische Arbeit, die ein Elektron verrichten kann.

e) Bestimme die elektrische Leistungsaufnahme des Lämpchens.

22 Die elektrische Leistung

Auf elektrischen Geräten findet man Angaben in Watt. Diese Größen geben an, wie viel elektrische Arbeit pro Zeit verrichtet wird.

Die **elektrische Leistung P_{el}** ist ein Maß dafür, wie viel elektrische Arbeit W_{el} pro Zeit t verrichtet wird bzw. elektrische Energie umgewandelt wird. P_{el} kann als Quotient von W_{el} und t berechnet werden.

$P_{el} = \frac{W_{el}}{t}$ oder $P_{el} = \frac{E_{el}}{t}$

Die **elektrische Leistung P_{el}** entspricht dem Produkt von elektrischer Spannung U und elektrischer Stromstärke I.

$P_{el} = U \cdot I$

Einheit: $[P_{el}] = 1\ W = 1\ V \cdot A = 1\ \frac{J}{s}$ (1 Watt)

Man unterscheidet zwei Begriffe der elektrischen Leistung:

- elektrische Leistungsabgabe (einer Elektrizitätsquelle)
- elektrische Leistungsaufnahme (eines Energiewandlers)

Beispiel

Eine E27-Energiesparlampe wird im Haushaltsnetz (230 V) betrieben. Die Stromstärke beträgt dabei 52,2 mA.

a) Berechne die elektrische Leistungsaufnahme der Lampe.
b) Die Lampe ist in einem Jahr durchschnittlich 700 Stunden in Betrieb. Berechne die verrichtete elektrische Arbeit in kWh.
c) Ermittle die Betriebskosten in €, wenn der Strompreis 25 Cent pro kWh beträgt.

Lösung:

a) Geg.: $U = 230\ V$; $I = 52{,}2\ mA$

Ges.: P_{el}

$P_{el} = U \cdot I$

$P_{el} = 230\ V \cdot 52{,}2\ mA$

$P_{el} = 230\ V \cdot 52{,}2 \cdot 10^{-3}\ A$ 3 gültige Ziffern [TR: 12,006]

$P_{el} = 12{,}0\ V \cdot A$ $P_{el} = 12{,}0\ W$

b) Geg.: $P_{el} = 12{,}0\ W$; $t = 700\ h$

Ges.: W_{el}

$P_{el} = \frac{W_{el}}{t} \Rightarrow W_{el} = P_{el} \cdot t$

$W_{el} = 12{,}0\ W \cdot 700\ h$ 3 gültige Ziffern [TR: 8 400]

$W_{el} = 8{,}40\ kWh$

c) Geg.: $z = 0{,}25 \frac{€}{\text{kWh}}$ (exakt)
Ges.: K

$K = z \cdot E_{el}$

$K = 0{,}25 \frac{€}{\text{kWh}} \cdot 8{,}40\ \text{kWh}$ 3 gültige Ziffern [TR: 2,1]

$K = 2{,}10\ €$

103 Ein Staubsauger wird im Haushaltsnetz (230 V) betrieben. Es ist auf der maximalen Stufe eingestellt und nimmt dabei eine elektrische Leistung von 2 000 Watt auf.

a) Erkläre, was die Angabe 2 000 Watt konkret bedeutet.

b) Berechne die elektrische Betriebsstromstärke.

c) Bestimme, wie lange es dauert, bis 1 Kilowattstunde elektrische Arbeit verrichtet wird.

d) Berechne die maximale Leistungsabgabe der Steckdose in kW, wenn die maximale Stromstärke 16,0 A beträgt.

104 In einem Elektronik-Markt sind vier Lämpchen mit gleicher Leistungsaufnahme und Helligkeit erhältlich, die sich in ihrer Soll-Spannung (3,0 V; 6,0 V; 12,0 V; 24,0 V) unterscheiden.
Die vier Lämpchen werden jeweils einzeln in einen Stromkreis mit einem Netzgerät eingebaut und mit der geforderten Spannung betrieben. Der Spannungsabfall U am Lämpchen und die Stromstärke I werden jeweils gemessen.
Das Ergebnis ist folgende Messreihe:

U in V	3,0	6,0	12,0	24,0
I in A	2,0	1,0	0,50	0,25

a) Erstelle eine Schaltskizze zu dem Versuch.

b) Welcher Zusammenhang könnte zwischen U und I vorliegen?

c) Führe eine numerische Auswertung durch, indem du das jeweilige Produkt aus U und I berechnest.
Beschreibe, was man daraus folgern kann.

d) Gib die elektrische Leistungsaufnahme der Lämpchen an.

105 Frau Müller führt im Zug mit ihrem Laptop Büroarbeiten bei mittlerer Helligkeit des Bildschirms durch. Dabei beträgt die Leistungsaufnahme 10,398 W und die Betriebsstromstärke 845 mA. Der Akku (5 200 mAh) sei vollständig geladen.

a) Bestätige durch Berechnung, dass die elektrische Spannung des Akkus 12,3 Volt beträgt.

b) Wie lange dauert es, bis der Akku vollständig entladen ist?

c) Die Helligkeit des Bildschirms wird erhöht, sodass die Leistungsaufnahme jetzt 11,789 W beträgt.
Berechne die neue Betriebsstromstärke in mA und die neue Akkulaufzeit.

106 Der Generator in einem Kohlekraftwerk gibt eine elektrische Spannung von 18,6 kV bei einer Stromstärke von 2,86 kA ab.

a) Wie groß ist die elektrische Leistung in Megawatt?

b) Bestimme die elektrische Energie in GJ, die in einer Minute von dem Generator abgegeben wird.

107 Mit einem Handrührgerät wird der Teig für einen Kuchen bearbeitet. Das Gerät wird auf mittlerer Stufe betrieben, sodass die Leistungsaufnahme 200 W beträgt. Das Gerät ist an das Haushaltsnetz (230 V) angeschlossen.

a) Welche Energieumwandlung findet statt?

b) Warum kann man davon ausgehen, dass die anliegende elektrische Spannung vollständig an dem Energiewandler abfällt?

c) Berechne die elektrische Stromstärke.

d) Eine Messung hat ergeben, dass der Wirkungsgrad des Mixers 78,0 % beträgt.
Übertrage und vervollständige das Sankey-Diagramm.

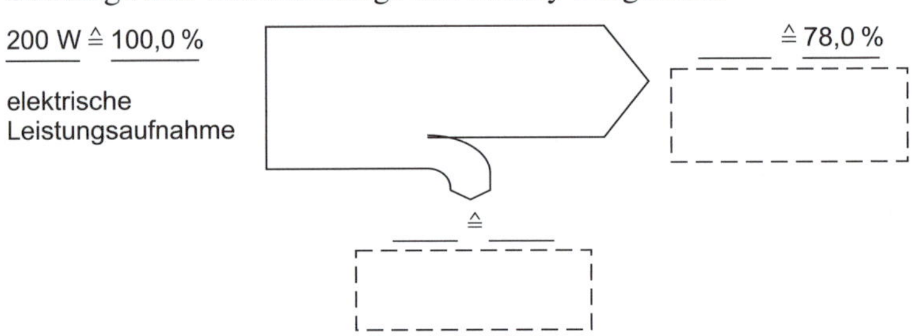

e) Das Rührgerät ist 10,0 Minuten in Betrieb.
Berechne, wie viel elektrische Arbeit in kJ verrichtet wurde.

23 Die Elektrizitätsleitung im Vakuum

In einer Röhre mit Vakuum oder sehr geringem Druck befinden sich eine metallische Wendel und eine metallische Platte. Die Wendel (Kathode) ist mit dem Minuspol verbunden, die Platte (Anode) mit dem Pluspol. In diesem Fall ist kein Strom messbar. Wird die Wendel durch einen Heizstrom zum Glühen gebracht, kann ein Strom gemessen werden.
Wird die Polung von Wendel und Platte verändert, ist kein Strom messbar. Dieser Effekt wurde von Thomas Alva Edison entdeckt.

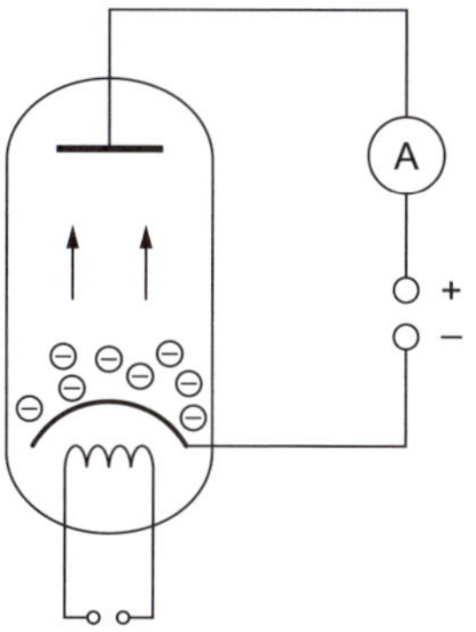

Aus einer beheizten Glühkathode können Elektronen austreten. Dieser Effekt wird **Glühemission** (oder glühelektrischer Effekt) genannt.

Bekanntlich besteht ein Metall aus Atomrümpfen und freien Elektronen. Zwischen diesen gibt es Anziehungskräfte. Die Elektronen benötigen also Energie, um dem Verband zu entkommen.
Mit steigender Temperatur des Metalls ist die Bewegungsenergie der Elektronen größer. Ab einer bestimmten Temperatur (ca. 600 °C) ist diese Energie groß genug, damit Elektronen aus dem Metall austreten können. Es bildet sich eine „Wolke“ von Elektronen um die Wendel. Einige Elektronen können zur Anode gelangen. Damit ist ein Strom messbar.

Strahlenbündel aus Elektronen werden als **Elektronenstrahlen** (oder Kathodenstrahlung) bezeichnet.

Eine Möglichkeit, derartige Elektronenstrahlen zu erzeugen, ist die braunsche Röhre. Diese besteht aus einem Glaskolben mit Vakuum. Von einer Glühkathode treten Elektronen aus und werden zur Anode beschleunigt und zu einem Strahl gebündelt. Der Elektronenstrahl sorgt für einen leuchtenden Punkt auf dem Leuchtschirm.
An den beiden Ablenkplatten liegt jeweils eine Spannung an, sodass die Elektronen durch den Einfluss der elektrischen Felder vertikal und horizontal abgelenkt werden. Durch Veränderung der Spannung an den Ablenkplatten kann die Ablenkung des Strahls gesteuert und damit die Position des leuchtenden Punktes auf dem Schirm verändert werden. Auch die Ablenkung durch ein Magnetfeld ist möglich.

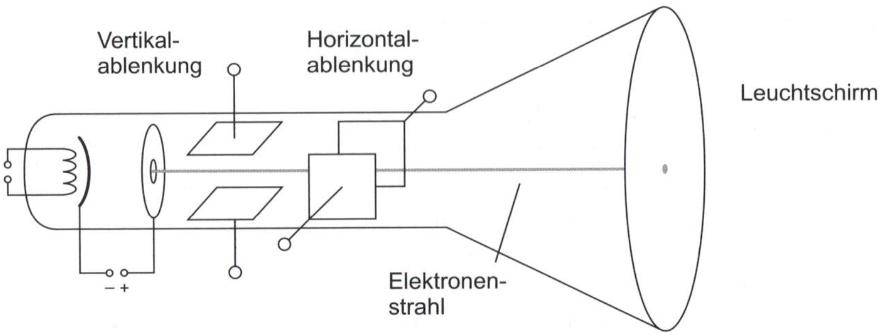

Eine **braunsche Röhre** kann einen gebündelten Elektronenstrahl erzeugen. Die Ablenkung des Strahls kann durch elektrische Felder oder magnetische Felder erfolgen.

Die braunsche Röhre hat vor allem folgende Anwendungen:

- Oszilloskope
- Bildröhre bei Fernsehgeräten aus dem 20. Jahrhundert

108 a) Unter welcher Voraussetzung kann es zur Glühemission kommen?

b) Beschreibe, was Elektronenstrahlen sind.

c) Gib an, wie Elektronenstrahlen abgelenkt werden können.

109 Bestimme jeweils die Ablenkung der Elektronenstrahlen, die als Pfeil von links nach rechts dargestellt sind.

a)

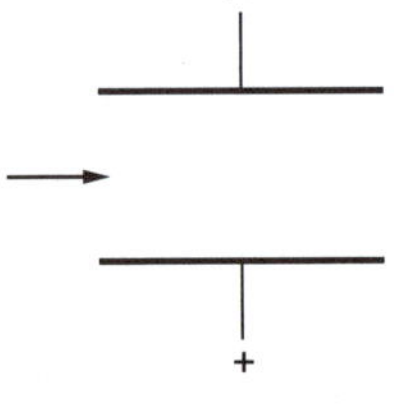

b)

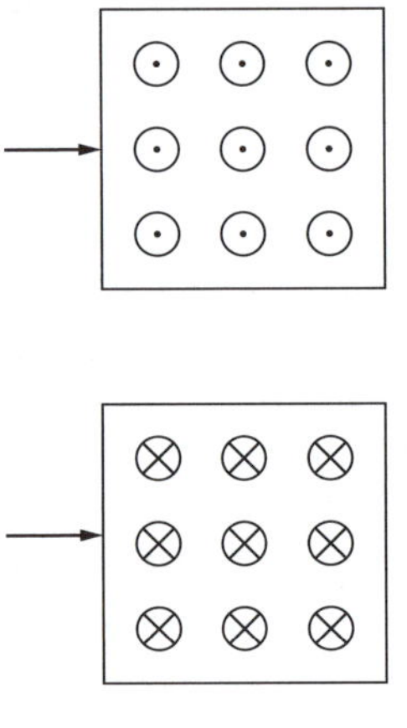

c)

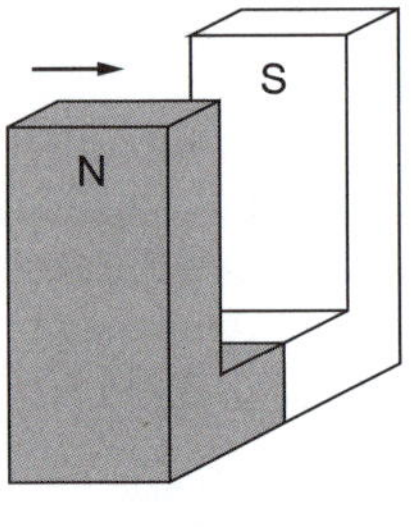

Lösungen

1 a) Durch das Bohren wird Reibungsarbeit am Bohrkopf verrichtet. Dadurch ist die innere Energie des Bohrkopfs erhöht worden. Eine der Auswirkungen ist die höhere Temperatur.

b) Durch das Biegen des Blechs wird Verformungsarbeit am Blech verrichtet. Dadurch hat die innere Energie des Blechs zugenommen. Eine der Auswirkungen ist die höhere Temperatur.

c) Durch die Kerzenflamme wird dem Blei Wärme zugeführt. Dadurch ist die innere Energie des Bleis erhöht worden. Eine der Auswirkungen ist der Phasenübergang von fest zu flüssig.

d) Durch den Stoß wird an der Luft Verdichtungsarbeit verrichtet. Dadurch hat die innere Energie der Luft zugenommen. Eine der Auswirkungen ist die höhere Temperatur.

e) Durch den Kontakt mit der Hand (höhere Temperatur) wird dem Eiswürfel Wärme zugeführt. Dadurch hat die innere Energie des Eiswürfels zugenommen. Eine der Auswirkungen ist der Phasenübergang von fest zu flüssig.

f) Durch die Bestrahlung wird den Händen Wärme zugeführt. Dadurch hat die innere Energie der Hände zugenommen. Eine der Auswirkungen ist die höhere Temperatur.

2 a) Die innere Energie eines Körpers ist die gesamte Energie, die in der Bewegung der Teilchen und in den Abständen der Teilchen zueinander gespeichert ist.

b) Die innere Energie eines Körpers entspricht der Summe von der mittleren kinetischen Energie aller Teilchen und der mittleren potenziellen Energie aller Teilchen.
Als Formel lautet dies: $U = E_{kin} + E_{pot}$

c) Die innere Energie eines Körpers ist eine Zustandsgröße. Durch sie wird kein Vorgang der Energieübertragung beschrieben, sondern der energetische Zustand eines Körpers.

d) Die Zunahme der inneren Energie ΔU kann durch Zufuhr von Wärme Q bzw. Verrichten von Arbeit W erreicht werden.

e) Geg.: $W = 200\ J$; $Q = 350\ J$
Ges.: ΔU
$$\Delta U = Q + W$$
$$\Delta U = 200\ J + 350\ J$$
$$\Delta U = 550\ J$$
Die Zunahme der inneren Energie beträgt 550 J.

3 a) Eine niedrigere innere Energie kann diese Auswirkungen haben:
- niedrigere Temperatur
- langsamere Durchmischung
- Abnahme von Länge und Volumen
- Phasenübergänge (flüssig zu fest; gasförmig zu flüssig)

b) Die höhere kinetische Energie kann an der Temperaturzunahme erkannt werden. Die höhere potenzielle Energie kann durch einen Nachweis der Zunahme von Länge bzw. Volumen erfolgen.

c) Wird (flüssigem) Wasser bei 100 °C Energie zugeführt, ändert sich die Temperatur nicht. Nach einer gewissen Zeit ist das Wasser vollständig verdampft. Es hat also ein Phasenübergang von flüssig zu gasförmig stattgefunden.
Die zugeführte Energie führt zu einer Zunahme der inneren Energie, jedoch nur des Teilbereichs der mittleren potenziellen Energie aller Teilchen. Die Teilchen nehmen dadurch einen größeren Abstand zueinander ein.
(Die mittlere kinetische Energie aller Teilchen bleibt konstant. Dadurch bleibt auch die Temperatur während des gesamten Siedevorgangs bei 100 °C.)

4
- Bei einem Brand wird dem Sprinklerkopf und der Glasampulle Wärme zugeführt.
- Die innere Energie der Ampulle steigt.
- Das Volumen der Flüssigkeit nimmt zu und zwar viel stärker als das des Glases.
- Die Ampulle platzt.
- Wasser strömt aus der Düse und wird durch den Sprühteller verteilt.

5 a) Beispiele:
- Flüssigkeitsthermometer
- Ausdehnungsgefäße für Warmwasserheizungen

b) Durch Kontakt mit der Spitze eines Lötkolbens (Körper höherer Temperatur) wird dem Lötzinn Wärme zugeführt. Dadurch nimmt die innere Energie des Lötzinns zu. Eine der Auswirkungen ist der Phasenübergang von fest zu flüssig.
Der flüssige Tropfen Lötzinn wird auf einer Stelle aufgetragen, um einen leitfähigen Kontakt herzustellen.
Durch Abgabe von Wärme an die Umgebung (niedrigere Temperatur) nimmt die innere Energie des Tropfens ab. Eine der Auswirkungen ist der Phasenübergang von flüssig zu fest. Nach kurzer Zeit ist der Tropfen erstarrt.

c) Mit einem Brenner wird die innere Energie der Luft in einem Heißluftballon erhöht. Eine der Auswirkungen der höheren inneren Energie ist die Zunahme des Volumens. Die Dichte der Luft im Ballon ist dadurch kleiner als die der Luft außerhalb des Ballons. Die Folge ist ein Auftrieb (archimedisches Prinzip).

6 a) Die Temperatur eines Körpers ist ein Maß für die mittlere kinetische Energie seiner Teilchen und damit für deren mittlere Geschwindigkeit.

b) Eine höhere kinetische Energie der Teilchen bedeutet bei Flüssigkeiten/Gasen eine höhere mittlere Teilchengeschwindigkeit, bei Festkörpern hingegen führen die Teilchen heftigere Schwingungen aus.

c) Je höher die Temperatur des Gases ist, desto höher ist die mittlere Geschwindigkeit der Teilchen. Zudem ist bei einer höheren Temperatur die Verteilung breiter.

7 a) Die Durchmischung läuft in dem Becherglas mit 80 °C schneller ab.

b) Bei der höheren Temperatur ist die mittlere Geschwindigkeit der Teilchen höher. Dadurch können die Farbteilchen schneller verteilt werden.

8 a) Vorgehensweise:
- Das Thermoskop wird in ein Eisbad gehalten. Der erste Fixpunkt wird markiert (Schmelzpunkt von Eis).
- Das Thermoskop wird in siedendes Wasser gebracht. Der zweite Fixpunkt wird markiert (Siedepunkt von Wasser).
- Durch den Abstand der beiden Fixpunkte ist der Fundamentalabstand festgelegt.
- Die erste Markierung wird mit 0 °C beschriftet, die zweite mit 100 °C. Dazwischen werden 100 gleiche Teile erstellt.

b) Wäre Luft (oder ein anderes Gas) über der Flüssigkeit, so würde sich dieses bei einer Temperaturerhöhung ausdehnen und einen Gegendruck auf die Flüssigkeit ausüben.

c) Das Wasser erstarrt bei 0 °C; somit können keine niedrigeren Temperaturen angezeigt werden.
Zudem dehnt sich Wasser beim Abkühlen zwischen 4 °C und 0 °C aus (Dichteanomalie).

9 a) $T = \vartheta \cdot \frac{K}{°C} + 273{,}15\ K$

$T = 36{,}90\ °C \cdot \frac{K}{°C} + 273{,}15\ K$

$T = 36{,}90\ K + 273{,}15\ K$ — 2 gültige Nachkommastellen [TR: 310,05]

$T = 310{,}05\ K$

b) $\vartheta = T \cdot \frac{°C}{K} - 273{,}15\ °C$

$\vartheta = 4{,}25\ K \cdot \frac{°C}{K} - 273{,}15\ °C$

$\vartheta = 4{,}25\ °C - 273{,}15\ °C$ — 2 gültige Nachkommastellen [TR: −268, 90]

$\vartheta = -268{,}90\ °C$

c) $T = \vartheta \cdot \frac{K}{°C} + 273{,}15\ K$

$T = -115{,}00\ °C \cdot \frac{K}{°C} + 273{,}15\ K$

$T = -115{,}00\ K + 273{,}15\ K$ — 2 gültige Nachkommastellen [TR: 158,15]

$T = 158{,}15\ K$

d) $\vartheta = T \cdot \frac{°C}{K} - 273{,}15\ °C$

$\vartheta = 300{,}00\ K \cdot \frac{°C}{K} - 273{,}15\ °C$

$\vartheta = 300{,}00\ °C - 273{,}15\ °C$ — 2 gültige Nachkommastellen [TR: 26,85]

$\vartheta = 26{,}85\ °C$

10 a) Geg.: $\vartheta_A = 18\ °C$; $\vartheta_E = 97\ °C$

Ges.: $\Delta\vartheta$

$\Delta\vartheta = \vartheta_E - \vartheta_A$

$\Delta\vartheta = 97\ °C - 18\ °C$ — 2 gültige Nachkommastellen [TR: 79]

$\Delta\vartheta = 79\ °C$

b) Geg.: $\vartheta_A = 60{,}7\,°C$; $\vartheta_E = 21{,}4\,°C$
Ges.: $\Delta\vartheta$
$\Delta\vartheta = \vartheta_E - \vartheta_A$
$\Delta\vartheta = 21{,}4\,°C - 60{,}7\,°C$ 1 gültige Nachkommastelle [TR: –39, 3]
$\Delta\vartheta = -39{,}3\,°C$

c) Geg.: $T_A = 207{,}84\,K$; $T_E = 787{,}3\,K$
Ges.: ΔT
$\Delta T = T_E - T_A$
$\Delta T = 787{,}3\,K - 207{,}84\,K$ 1 gültige Nachkommastelle [TR: 579,46]
$\Delta T = 579{,}5\,K$

d) Geg.: $\vartheta_A = -3{,}0\,°C$; $\vartheta_E = -14{,}7\,°C$
Ges.: $\Delta\vartheta$
$\Delta\vartheta = \vartheta_E - \vartheta_A$
$\Delta\vartheta = -14{,}7\,°C - (-3{,}0\,°C)$ 1 gültige Nachkommastelle [TR: –11, 7]
$\Delta\vartheta = -11{,}7\,°C$

11 a) Geg.: $\vartheta_E = 28{,}5\,°C$; $\Delta\vartheta = 44{,}1\,°C$
Ges.: ϑ_A
$\Delta\vartheta = \vartheta_E - \vartheta_A \Rightarrow \vartheta_A = \vartheta_E - \Delta\vartheta$
$\vartheta_A = 28{,}5\,°C - 44{,}1\,°C$ 1 gültige Nachkommastelle [TR: –15, 6]
$\vartheta_A = -15{,}6\,°C$

b) Geg.: $\vartheta_A = -35\,°C$; $\Delta\vartheta = -10\,°C$
Ges.: ϑ_E
$\Delta\vartheta = \vartheta_E - \vartheta_A \Rightarrow \vartheta_E = \Delta\vartheta + \vartheta_A$
$\vartheta_E = -35\,°C + (-10\,°C)$ 0 gültige Nachkommastellen [TR: –45]
$\vartheta_E = -45\,°C$

c) Geg.: $\Delta T = -5{,}37\,K$; $T_E = 65{,}78\,K$
Ges.: T_A
$\Delta T = T_E - T_A \Rightarrow T_A = T_E - \Delta T$
$T_A = 65{,}78\,K - (-5{,}37\,K)$ 2 gültige Nachkommastellen [TR: 71,15]
$T_A = 71{,}15\,K$

12 a) In dem Bereich mit der höheren Temperatur besitzen die Teilchen eine höhere mittlere kinetische Energie und führen heftigere Schwingungen aus. Durch Stöße können benachbarte Teilchen zum heftigeren Schwingen angeregt werden. Dadurch wird ein Teil der kinetischen Energie weitergegeben. Somit steigt auch die Temperatur des benachbarten Bereichs.

b) Bei Flüssigkeiten und Gasen werden die Geschwindigkeiten von benachbarten Teilchen durch Stöße erhöht. Außerdem findet Durchmischung statt.

c) Für die Wärmeleitung wird Materie benötigt. Deshalb kann Wärmeleitung nicht im Vakuum stattfinden.

d) Die Wärmeleitfähigkeit von Eisen ist besser als die von Styropor. Somit ist der Wärmestrom zu dem Eiswürfel größer und das Eis kann schneller schmelzen.

13 a) Die Kühlrippen besitzen eine große Oberfläche. Dadurch ist der Wärmestrom an die Umgebungsluft größer.

b) Weitere Einsatzmöglichkeiten:
- Motorblock an Motorrädern
- Leistungsstarke Elektromotoren

c) Durch die Rohrleitung fließt Wasser mit ca. 60 °C. Die Rohrleitung gibt Wärme an das Stahlblech ab. Durch die große Oberfläche kann viel Wärme an die Raumluft abgegeben werden.

14 Zwischen diesen Bereichen findet Wärmeleitung statt:
- Brenngas zu Motorblock
- Motorblock zu Kühlwasser (in Hohlräumen des Motorblocks)
- Kühlwasser zu Kühlerlamellen
- Kühlerlamellen zu Umgebungsluft

15 a) Durch das „Zwiebelschalenprinzip" wirkt nicht nur jede einzelne Kleidungsschicht isolierend, sondern auch die Luft-Zwischenräume. Damit ist die Wärmeleitung viel schlechter und der Wärmestrom an die Umgebung geringer.

b) Überlebenswichtig für die Tiere in den kalten Region ist, dass sie nur wenig Wärme an die Umgebung abgegeben.
- Schneehühner haben beispielswiese an den Beinen zusätzliche Federn, Eisbären haben dickes Fell an der Fußsohle.
- Eine dicke Fettschicht unter dem Haar- oder Federkleid schützt die Tiere.
- Tiere, die in den kalten Regionen leben, haben kleinere Körperanhänge (Ohren, Schnauze) als ihre Verwandten in gemäßigteren Breiten.

c) Wärmedämmung ist bei Häusern wichtig, damit die abgegebene Wärme gering ausfällt. Damit können Heizkosten eingespart werden.
Es werden Materialien mit einer geringen Wärmeleitfähigkeit verwendet:
- Bei Fenstern werden Zweifach- bzw. Dreifachverglasung verwendet. Die Zwischenräume sind mit einem Edelgas gefüllt.
- Verwendung von Wärmedämmplatten

16 a) Diese Vorgänge spielen sich ab:

- Durch die Heizung wird der umgebenden Luft Energie zugeführt.
- Dadurch besitzt der erhitzte Luftbereich eine höhere innere Energie im Vergleich zu seiner Umgebung.
- Der erhitzte Luftbereich besitzt eine höhere Temperatur und ein größeres Volumen. Damit hat er eine kleinere Dichte.
- Die Folge ist ein Dichteunterschied: Der erhitzte Luftbereich besitzt eine kleinere Dichte und befindet sich in einer Umgebung mit einer größeren Dichte.
- Der erhitzte Bereich erfährt einen Auftrieb (archimedisches Prinzip).
- Seitlich strömt Luft nach, die wieder erhitzt wird.
- Es bildet sich eine Luftzirkulation.

b) Die aufsteigende Luft mit der höheren Temperatur vermischt sich unmittelbar mit der einströmenden Luft mit der niedrigeren Temperatur. Damit wird der Raum bzw. die Raumluft nicht warm.

c) Durch die beschriebene Luftzirkulation wird Staub in bestimmten Richtungen bewegt und ballt sich zusammen.

17 a) Die Wärmeleitung kann ausgeschlossen werden, da die Übertragung durch die Luft, die Folie und wieder durch die Luft deutlich länger dauern würde. Zudem ist die Wärmeleitfähigkeit von Luft gering.
Die Konvektion kann ausgeschlossen werden, da die von der Wärmelampe erhitzte Luft nicht die Folie durchdringen kann und zudem nach oben steigt.

b) Es handelt sich um Wärmestrahlung.
Die wesentlichen Merkmale der Wärmestrahlung sind:

- Es handelt sich (wie sichtbares Licht) um elektromagnetische Strahlung.
- Wärmestrahlung kann bei Festkörpern, Flüssigkeiten und Gasen auftreten.
- Die Ausbreitung ist auch im Vakuum möglich.

18 a) Um möglichst viel Wärmestrahlung zu absorbieren, sollte der Körper dunkel sein und eine raue Oberfläche besitzen.

b) Im Sommer ist helle Kleidung wegen der geringeren Absorption besser.

c) Durch eine schneebedeckte Landschaft wird wenig Wärmestrahlung der Sonne absorbiert, der größte Teil wird zurückreflektiert.

d) Ein Heizkörper mit schwarzer und rauer Oberfläche kann mehr Wärmestrahlung emittieren als ein weißer mit glatter Oberfläche. Die Wärmeübertragung insgesamt wird dadurch aber kaum verändert, denn ein Heizkörper nimmt maximal eine Temperatur von 60 °C an. Bei diesen Temperaturen findet der größte Teil der Wärmeübertragung durch Wärmeleitung an die Luft statt.

19 a) Durch die Verspiegelung (hell, glatt) wird ein großer Teil der Wärmestrahlung, die von der Flüssigkeit abgegeben wird, wieder in die Flüssigkeit zurückreflektiert.

b) Durch das Vakuum kann keine Wärmeleitung zwischen dem Glas und der Schutzhülle stattfinden. Auch Konvektion ist ausgeschlossen.

c) Zwischen den Wänden des doppelwandigen Gefäßes kann Wärmestrahlung durch das Vakuum übertragen werden.
Zudem tritt Wärmeleitung am Verschluss auf.

20
- Durch Wärmeleitung wird Energie **durch** Materie übertragen.
- Durch Konvektion wird Energie **mit** Materie übertragen.
- Durch Wärmestrahlung wird Energie **ohne** Materie übertragen.

21 a) Bei der Angabe handelt es sich um den Längenausdehnungskoeffizienten von Eisen. Konkret bedeutet dieser Wert, dass sich ein Eisenstab der Länge 1 m bei einer Temperaturerhöhung von 1 °C um 0,0118 mm ausdehnt.

b) $\alpha = 0{,}0118 \, \frac{\text{mm}}{\text{m} \cdot °\text{C}} = 0{,}0118 \, \frac{10^{-3}\,\text{m}}{\text{m} \cdot °\text{C}} = 11{,}8 \cdot 10^{-6} \, \frac{1}{°\text{C}} = 11{,}8 \cdot 10^{-6} \, \frac{1}{\text{K}}$

c) Geg.: $\ell_0 = 1{,}00$ m; $\vartheta_A = 20\,°\text{C}$; $\vartheta_E = 120\,°\text{C}$; $\alpha = 0{,}0118 \, \frac{\text{mm}}{\text{m} \cdot °\text{C}}$
Ges.: $\Delta\ell$

$\Delta\vartheta = \vartheta_E - \vartheta_A$

$\Delta\vartheta = 120\,°\text{C} - 20\,°\text{C}$ 0 gültige Nachkommastellen [TR: 100]

$\Delta\vartheta = 100\,°\text{C}$

$\Delta\ell = \alpha \cdot \ell_0 \cdot \Delta\vartheta$

$\Delta\ell = 0{,}0118 \, \frac{\text{mm}}{\text{m} \cdot °\text{C}} \cdot 1{,}00\,\text{m} \cdot 100\,°\text{C}$ 3 gültige Ziffern [TR: 1,18]

$\Delta\ell = 1{,}18 \, \frac{\text{mm}}{\text{m} \cdot °\text{C}} \cdot \text{m} \cdot °\text{C}$

$\Delta\ell = 1{,}18\,\text{mm}$

d) Geg.: $\ell_0 = 1{,}00$ m; $\alpha = 3{,}50 \cdot 10^{-6} \, \frac{1}{\text{K}}$; $\Delta\ell = 1{,}18$ mm; $\vartheta_A = 20{,}0\,°\text{C}$
Ges.: ϑ_E

$\Delta\ell = \alpha \cdot \ell_0 \cdot \Delta\vartheta \;\Rightarrow\; \Delta\vartheta = \frac{\Delta\ell}{\alpha \cdot \ell_0}$

$\Delta\vartheta = \frac{1{,}18\,\text{mm}}{3{,}50 \cdot 10^{-6}\,\frac{1}{\text{K}} \cdot 1{,}00\,\text{m}}$

$\Delta\vartheta = \frac{1{,}18 \cdot 10^{-3}\,\text{m}}{3{,}50 \cdot 10^{-6}\,\frac{1}{\text{K}} \cdot 1{,}00\,\text{m}}$ 3 gültige Ziffern [TR: 337,1…]

$\Delta\vartheta = 337\,°\text{C}$

$\Delta\vartheta = \vartheta_E - \vartheta_A \;\Rightarrow\; \vartheta_E = \Delta\vartheta + \vartheta_A$

$\vartheta_E = 337\,°C + 20\,°C$

$\vartheta_E = 357\,°C$

22 a) Geg.: $\alpha = 0{,}012\,\frac{mm}{m\cdot °C}$; $\vartheta_A = 30\,°C$; $\ell_0 = 151{,}72$ m; $\vartheta_E = -10\,°C$

Ges.: $\Delta\ell$ (in cm)

$\Delta\vartheta = \vartheta_E - \vartheta_A$

$\Delta\vartheta = -10\,°C - 30\,°C$ 0 gültige Nachkommastellen [TR: –40]

$\Delta\vartheta = -40\,°C$

$\Delta\ell = \alpha \cdot \ell_0 \cdot \Delta\vartheta$

$\Delta\ell = 0{,}012\,\frac{mm}{m\cdot °C} \cdot 151{,}72\,m \cdot (-40\,°C)$ 2 gültige Ziffern [TR: –72,8…]

$\Delta\ell = -73\,\frac{mm}{m\cdot °C} \cdot m \cdot °C$

$\Delta\ell = -73$ mm

$\Delta\ell = -7{,}3$ cm

b) Um diese Längenänderungen unbeschadet zu überstehen, weist die Brücke im Bereich der Enden Dehnungsfugen auf.

23 Geg.: $\alpha = 0{,}0165\,\frac{mm}{m\cdot °C}$; $\vartheta_A = 200\,°C$; $\ell_A = 1\,810{,}0$ mm; $\ell_E = 1\,800{,}0$ mm

Ges.: ϑ_E

$\Delta\ell = \ell_E - \ell_A$

$\Delta\ell = 1\,800{,}0\,mm - 1\,810{,}0\,mm$ 1 gültige Nachkommastelle [TR: –10]

$\Delta\ell = -10{,}0$ mm

$\Delta\ell = \alpha \cdot \ell_A \cdot \Delta\vartheta \;\Rightarrow\; \Delta\vartheta = \frac{\Delta\ell}{\alpha \cdot \ell_A}$

$$\Delta\vartheta = \frac{-10{,}0\,mm}{0{,}0165\,\frac{mm}{m\cdot °C} \cdot 1810{,}0\,mm}$$

$$\Delta\vartheta = \frac{-10{,}0\,mm}{0{,}0165\,\frac{mm}{m\cdot °C} \cdot 1{,}8100\,m}$$ 3 gültige Ziffern [TR: –334,8…]

$$\Delta\vartheta = -335\,\frac{mm}{\frac{mm}{m\cdot °C}\cdot m} = -335\,\frac{mm}{\frac{mm}{°C}}$$

$$\Delta\vartheta = -335\,mm \cdot \frac{°C}{mm}$$

$\Delta\vartheta = -335\,°C$

$\Delta\vartheta = \vartheta_E - \vartheta_A \;\Rightarrow\; \vartheta_E = \Delta\vartheta + \vartheta_A$

$\vartheta_E = -335\,°C + 200\,°C$

$\vartheta_E = -135\,°C$

24 Geg.: $\ell_0 = 28{,}5\ \text{dm}$; $\Delta\ell = 2{,}035\ \text{mm}$; $\vartheta_A = -9{,}6\ °\text{C}$; $\vartheta_E = 20{,}4\ °\text{C}$

Ges.: α

$\Delta\vartheta = \vartheta_E - \vartheta_A$

$\Delta\vartheta = 20{,}4\ °\text{C} - (-9{,}6\ °\text{C})$ 1 gültige Nachkommastelle [TR: 30]

$\Delta\vartheta = 30{,}0\ °\text{C}$

$\Delta\ell = \alpha \cdot \ell_0 \cdot \Delta\vartheta \Rightarrow \alpha = \frac{\Delta\ell}{\ell_0 \cdot \Delta\vartheta}$

$\alpha = \frac{2{,}035\ \text{mm}}{28{,}5\ \text{dm} \cdot 30{,}0\ °\text{C}}$

$\alpha = \frac{2{,}035\ \text{mm}}{2{,}85\ \text{m} \cdot 30{,}0\ °\text{C}}$ 3 gültige Ziffern [TR: 0,02380…]

$\alpha = 0{,}0238\ \frac{\text{mm}}{\text{m} \cdot °\text{C}}$

Bei dem Material könnte es sich um Aluminium handeln.

25 a) und b)

Der Zusammenhang zwischen $\Delta\ell$ und $\Delta\vartheta$ scheint direkt proportional zu sein. Somit müssen bei der numerischen Auswertung die Quotienten $\frac{\Delta\ell}{\Delta\vartheta}$ gebildet werden.

ϑ in °C	30	40	50	60	70
$\Delta\vartheta$ in °C	–	10	20	30	40
$\Delta\ell$ in mm	–	0,14	0,29	0,43	0,58
$\frac{\Delta\ell}{\Delta\vartheta}$ in $\frac{\text{mm}}{°\text{C}}$	–	0,014	0,015	0,014	0,015

Ergebnis: Die Quotientenwerte von $\frac{\Delta\ell}{\Delta\vartheta}$ sind fast gleich.

$\Rightarrow$ Quotientengleichheit

$\Rightarrow$ Direkte Proportionalität zwischen $\Delta\ell$ und $\Delta\vartheta$

Kurzschreibweise: $\Delta\ell \sim \Delta\vartheta$ oder $\frac{\Delta\ell}{\Delta\vartheta} = \text{const.}$

c) Ergebnis: Der Graph im $\Delta\ell$-$\Delta\vartheta$-Diagramm ist eine Ursprungsstrecke.
$\Rightarrow$ Direkte Proportionalität zwischen $\Delta\ell$ und $\Delta\vartheta$.
(Damit decken sich die Ergebnisse der numerischen und der grafischen Auswertung.)

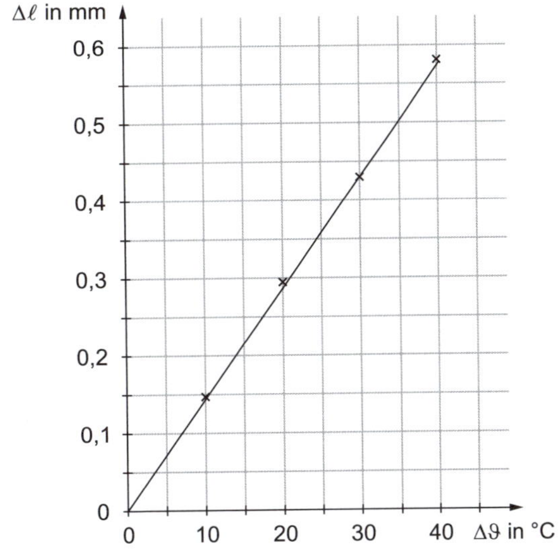

d) Geg.: Messreihe: $\ell = 0{,}60$ m;
Ges.: α

Mittelwert der Quotientenwerte $\frac{\Delta\ell}{\Delta\vartheta}$

$$\overline{\left(\frac{\Delta\ell}{\Delta\vartheta}\right)} = \frac{0{,}014 + 0{,}015 + 0{,}014 + 0{,}015}{4}\ \frac{\text{mm}}{°\text{C}}$$

$$\overline{\left(\frac{\Delta\ell}{\Delta\vartheta}\right)} = 0{,}0145\ \frac{\text{mm}}{°\text{C}}$$

Berechnung von α mithilfe $\frac{\Delta\ell}{\Delta\vartheta}$

$$\Delta\ell = \alpha \cdot \ell_0 \cdot \Delta\vartheta \quad \Rightarrow \quad \alpha = \frac{\Delta\ell}{\ell_0 \cdot \Delta\vartheta}$$

$$\alpha = \frac{1}{\ell_0} \cdot \overline{\left(\frac{\Delta\ell}{\Delta\vartheta}\right)}$$

$$\alpha = \frac{1}{0{,}60\ \text{m}} \cdot 0{,}0145\ \frac{\text{mm}}{°\text{C}}$$

2 gültige Ziffern [TR: 0,0241…]

$$\alpha = 0{,}024\ \frac{\text{mm}}{\text{m} \cdot °\text{C}}$$

26 Geg.: $\alpha = 0{,}012\ \frac{\text{mm}}{\text{m} \cdot °\text{C}}$; $\ell = 5{,}8$ m; $h = 2{,}6$ m; $b = 2{,}0$ dm; $\vartheta_A = 40$ °C; $\vartheta_E = 10$ °C
Ges.: ΔV (in dm^3)

$$\alpha = 0{,}012\ \frac{\text{mm}}{\text{m} \cdot °\text{C}}$$

$$\alpha = 0{,}012\ \frac{10^{-3}\ \text{m}}{\text{m} \cdot °\text{C}}$$

$$\alpha = 12 \cdot 10^{-6}\ \frac{1}{°\text{C}}$$

$\gamma = 3\alpha$

$\gamma = 3 \cdot 12 \cdot 10^{-6} \frac{1}{°C}$

$= 36 \cdot 10^{-6} \frac{1}{°C}$

$V = \ell \cdot b \cdot h$

$V = 5{,}8\ m \cdot 2{,}0\ dm \cdot 2{,}6\ m$

$V = 5{,}8\ m \cdot 0{,}20\ m \cdot 2{,}6\ m$ 2 gültige Ziffern [TR: 3,016]

$V = 3{,}0\ m^3$

$\Delta\vartheta = \vartheta_E - \vartheta_A$

$\Delta\vartheta = 10\ °C - 40\ °C$ 0 gültige Nachkommastellen [TR: –30]

$\Delta\vartheta = -30\ °C$

$\Delta V = \gamma \cdot V_0 \cdot \Delta\vartheta$

$\Delta V = 36 \cdot 10^{-6} \frac{1}{°C} \cdot 3{,}0\ m^3 \cdot (-30\ °C)$

$\Delta V = -3{,}2 \cdot 10^{-3}\ m^3$ 2 gültige Ziffern [TR: –0,00324]

$\Delta V = -3{,}2\ dm^3$

Das Volumen nimmt um 3,2 dm^3 ab.

27 Geg.: $\alpha = 0{,}0231 \frac{mm}{m \cdot °C}$; $\Delta\vartheta = 49{,}09\ °C$; $\Delta V = 1{,}54\ cm^3$
Ges.: V_0

$\alpha = 0{,}0231 \frac{mm}{m \cdot °C}$

$\alpha = 0{,}0231 \frac{10^{-3}\ m}{m \cdot °C}$

$\alpha = 23{,}1 \cdot 10^{-6} \frac{1}{°C}$

$\gamma = 3\alpha$

$\gamma = 3 \cdot 23{,}1 \cdot 10^{-6} \frac{1}{°C}$

$\gamma = 69{,}3 \cdot 10^{-6} \frac{1}{°C}$

$\Delta V = \gamma \cdot V_0 \cdot \Delta\vartheta \Rightarrow V_0 = \frac{\Delta V}{\gamma \cdot \Delta\vartheta}$

$V_0 = \frac{1{,}54\ cm^3}{69{,}3 \cdot 10^{-6} \frac{1}{°C} \cdot 49{,}09\ °C}$ 3 gültige Ziffern [TR: 452,68…]

$V_0 = 453\ cm^3$

28 Geg.: $G = 1{,}20\ \text{dm}^2$; $h = 4{,}000\ \text{cm}$; $\Delta\vartheta = 30{,}0\ °\text{C}$; $\Delta V = 0{,}7128\ \text{cm}^3$

Ges.: α

$V = G \cdot h$

$V = 1{,}20\ \text{dm}^2 \cdot 4{,}000\ \text{cm}$

$V = 120\ \text{cm}^2 \cdot 4{,}000\ \text{cm}$ — 3 gültige Ziffern [TR: 480]

$V = 480\ \text{cm}^3$

$\Delta V = \gamma \cdot V_0 \cdot \Delta\vartheta \quad \Rightarrow \quad \gamma = \frac{\Delta V}{V_0 \cdot \Delta\vartheta}$

$\gamma = \frac{0{,}7128\ \text{cm}^3}{480\ \text{cm}^3 \cdot 30{,}0\ °\text{C}}$ — 3 gültige Ziffern [TR: $4{,}95 \cdot 10^{-5}$]

$\gamma = 49{,}5 \cdot 10^{-6}\ \frac{1}{°\text{C}}$

$\gamma = 3\alpha \quad \Rightarrow \quad \alpha = \frac{\gamma}{3}$

$\alpha = \frac{49{,}5 \cdot 10^{-6}\ \frac{1}{°\text{C}}}{3}$

$\alpha = 16{,}5 \cdot 10^{-6}\ \frac{1}{°\text{C}}$

Bei dem Werkstück könnte es sich um Kupfer handeln (vgl. Formelsammlung).

29 Geg.: $\alpha = 3{,}00 \cdot 10^{-6}\ \frac{1}{°\text{C}}$; $\vartheta_A = 15{,}8\ °\text{C}$; $\Delta V = 0{,}100\ \% \cdot V_0$

Ges.: ϑ_E

$\gamma = 3\alpha$

$\gamma = 3 \cdot 3{,}00 \cdot 10^{-6}\ \frac{1}{°\text{C}}$

$\gamma = 9{,}00 \cdot 10^{-6}\ \frac{1}{°\text{C}}$

$\Delta V = 0{,}100\ \% \cdot V_0 \quad \Rightarrow \quad \frac{\Delta V}{V_0} = 0{,}100\ \% = 0{,}00100$

$\Delta V = \gamma \cdot V_0 \cdot \Delta\vartheta \quad \Rightarrow \quad \Delta\vartheta = \frac{\Delta V}{\gamma \cdot V_0}$

$\Delta\vartheta = \frac{1}{\gamma} \cdot \frac{\Delta V}{V_0}$

$\Delta\vartheta = \frac{1}{9{,}00 \cdot 10^{-6}\ \frac{1}{°\text{C}}} \cdot 0{,}00100$ — 3 gültige Ziffern [TR: 111,1…]

$\Delta\vartheta = 111\ °\text{C}$

$\Delta\vartheta = \vartheta_E - \vartheta_A \quad \Rightarrow \quad \vartheta_E = \Delta\vartheta + \vartheta_A$

$\vartheta_E = 111\ °\text{C} + 15{,}8\ °\text{C}$ — 0 gültige Nachkommastellen [TR: 126,8]

$\vartheta_E = 127\ °\text{C}$

30 a) Geg.: $V_0 = 250\ m\ell$; $\gamma = 0{,}70 \cdot 10^{-3}\ \frac{1}{K}$; $\vartheta_A = 37\ °C$; $\vartheta_E = 12\ °C$
Ges.: ΔV

$\Delta\vartheta = \vartheta_E - \vartheta_A$
$\Delta\vartheta = 12\ °C - 37\ °C$ — 0 gültige Nachkommastellen [TR: −25]
$\Delta\vartheta = -25\ °C$

$\Delta V = \gamma \cdot V_0 \cdot \Delta\vartheta$
$\Delta V = 0{,}70 \cdot 10^{-3}\ \frac{1}{K} \cdot 250\ m\ell \cdot (-25\ °C)$ — 2 gültige Ziffern [TR: −4,375]
$\Delta V = -4{,}4\ \frac{1}{K} \cdot m\ell \cdot °C$
$\Delta V = -4{,}4\ m\ell$

b) Geg.: $\gamma = 0{,}70 \cdot 10^{-3}\ \frac{1}{K}$; $\Delta\vartheta = 50\ °C$
Ges.: $\frac{\Delta V}{V}$

$\Delta V = \gamma \cdot V_0 \cdot \Delta\vartheta \Rightarrow \frac{\Delta V}{V_0} = \gamma \cdot \Delta\vartheta$
$\frac{\Delta V}{V_0} = 0{,}70 \cdot 10^{-3}\ \frac{1}{K} \cdot 50\ °C$ — 2 gültige Ziffern [TR: 0,035]
$\frac{\Delta V}{V_0} = 0{,}035$ — $(1\ \% = 0{,}01)$
$\frac{\Delta V}{V_0} = 3{,}5\ \%$

31 a) Geg.: $\ell = 50{,}00\ m$; $b = 25{,}00\ m$; $t = 2{,}300\ m$; $\vartheta_A = 13{,}8\ °C$; $\vartheta_E = 26{,}5\ °C$;
$\gamma = 0{,}207\ \frac{cm^3}{dm^3 \cdot °C}$
Ges.: ΔV (in m^3)
$h = t - 20{,}0\ cm$
$h = 2{,}300\ m - 20{,}0\ cm$
$h = 2{,}300\ m - 0{,}200\ m$ — 3 gültige Nachkommastellen [TR: 2,1]
$h = 2{,}100\ m$

$V_0 = \ell \cdot b \cdot h$
$V_0 = 50{,}00\ m \cdot 25{,}00\ m \cdot 2{,}100\ m$ — 4 gültige Ziffern [TR: 2 625]
$V_0 = 2\ 625\ m^3$

$\Delta\vartheta = \vartheta_E - \vartheta_A$
$\Delta\vartheta = 26{,}5\ °C - 13{,}8\ °C$ — 1 gültige Nachkommastelle [TR: 12,7]
$\Delta\vartheta = 12{,}7\ °C$

$\Delta V = \gamma \cdot V_0 \cdot \Delta\vartheta$

$\Delta V = 0{,}207\ \frac{cm^3}{dm^3 \cdot °C} \cdot 2\,625\ m^3 \cdot 12{,}7\ °C$

$\Delta V = 0{,}207\ \frac{dm^3}{m^3 \cdot °C} \cdot 2\,625\ m^3 \cdot 12{,}7\ °C$ 3 gültige Ziffern [TR: 6 900,8 …]

$\Delta V = 6{,}90 \cdot 10^3\ dm^3$

$\Delta V = 6{,}90\ m^3$

b) Geg.: $\ell = 50{,}00$ m; $b = 25{,}00$ m; $t = 2{,}300$ m; $V_0 = 2\,625\ m^3$; $\Delta V = 6{,}90\ m^3$
Ges.: Δh (in mm)

$V_{neu} = V_0 + \Delta V$

$V_{neu} = 2\,625\ m^3 + 6{,}90\ m^3$ 0 gültige Nachkommastellen [TR: 2 631,9]

$V_{neu} = 2\,632\ m^3$

$V_{neu} = \ell \cdot b \cdot h_{neu} \Rightarrow h_{neu} = \frac{V_{neu}}{\ell \cdot b}$

$h_{neu} = \frac{2\,632\ m^3}{50{,}00\ m \cdot 25{,}00\ m}$ 4 gültige Ziffern [TR: 2,1056]

$h_{neu} = 2{,}106\ \frac{m^3}{m \cdot m}$

$h_{neu} = 2{,}106$ m

$\Delta h = h_{neu} - h$

$\Delta h = 2{,}106\ m - 2{,}100\ m$ 3 gültige Nachkommastellen [TR: 0,006]

$\Delta h = 0{,}006$ m

$\Delta h = 6$ mm

32 Geg.: $\vartheta_A = 0\ °C$; $\rho(0\ °C) = 13{,}595\ \frac{g}{cm^3}$; $\gamma = 0{,}1811\ \frac{m\ell}{\ell \cdot °C}$; $\vartheta_E = 280\ °C$
Ges.: $\rho(280\ °C)$

Ansatz: $V_0 = 1\,000{,}0\ cm^3 \Rightarrow m = 13{,}595$ kg

$\Delta\vartheta = \vartheta_E - \vartheta_A$

$\Delta\vartheta = 280\ °C - 0\ °C$ 0 gültige Nachkommastellen [TR: 280]

$\Delta\vartheta = 280\ °C$

$\Delta V = \gamma \cdot V_0 \cdot \Delta\vartheta$

$\Delta V = 0{,}1811\ \frac{m\ell}{\ell \cdot °C} \cdot 1\,000{,}0\ cm^3 \cdot 280\ °C$ ($10^3\ cm^3 = 10^3\ m\ell = 1\ dm^3 = 1\ \ell$)

$\Delta V = 0{,}1811\ \frac{m\ell}{\ell \cdot °C} \cdot 1{,}0000\ \ell \cdot 280\ °C$ 3 gültige Ziffern [TR: 50,708]

$\Delta V = 50{,}7\ m\ell$

$V = V_0 + \Delta V$

$V = 1\,000{,}0\ cm^3 + 50{,}7\ cm^3$ 1 gültige Nachkommastelle [TR: 1 050,7]

$V = 1\,050{,}7\ cm^3$

$\rho(280\ °C) = \frac{m}{V}$

$\rho(280\ °C) = \frac{13{,}595\ kg}{1\,050{,}7\ cm^3}$

$\rho(280\ °C) = \frac{13\,595\ g}{1\,050{,}7\ cm^3}$ 5 gültige Ziffern [TR: 12,9389…]

$\rho(280\ °C) = 12{,}939\ \frac{g}{cm^3}$

33 Geg.: $V_0 = 3\,000\ \ell$; $\vartheta_A = 12{,}0\ °C$; $\vartheta_E = 22{,}0\ °C$; $\alpha_{St} = 11{,}5 \cdot 10^{-6}\ \frac{1}{K}$;
$\gamma_H = 7{,}0 \cdot 10^{-4}\ \frac{1}{K}$

Ges.: $V_{über}$ (in ℓ)

$\Delta\vartheta = \vartheta_E - \vartheta_A$

$\Delta\vartheta = 22{,}0\ °C - 12{,}0\ °C$ 1 gültige Nachkommastelle [TR: 10]

$\Delta\vartheta = 10{,}0\ °C$

$\gamma_{St} = 3 \cdot \alpha_{St}$

$\gamma_{St} = 3 \cdot 11{,}5 \cdot 10^{-6}\ \frac{1}{K}$

$\gamma_{St} = 34{,}5 \cdot 10^{-6}\ \frac{1}{K}$

Volumenzunahme Stahltank

$\Delta V_{St} = \gamma_{St} \cdot V_0 \cdot \Delta\vartheta$

$\Delta V_{St} = 34{,}5 \cdot 10^{-6}\ \frac{1}{K} \cdot 3\,000\ \ell \cdot 10{,}0\ °C$ 3 gültige Ziffern [TR: 1,035]

$\Delta V_{St} = 1{,}04\ \ell$

Volumenzunahme Heizöl

$\Delta V_H = \gamma_H \cdot V_0 \cdot \Delta\vartheta$

$\Delta V_H = 7{,}0 \cdot 10^{-4}\ \frac{1}{K} \cdot 3\,000\ \ell \cdot 10{,}0\ °C$ 2 gültige Ziffern [TR: 21]

$\Delta V_H = 21\ \frac{1}{K} \cdot \ell \cdot °C$

$\Delta V_H = 21\ \ell$

Übergetretenes Heizöl

$\Delta V_{über} = \Delta V_H - \Delta V_{St}$

$\Delta V_{über} = 21\ \ell - 1{,}04\ \ell$ 0 gültige Nachkommastellen [TR: 19,96]

$\Delta V_{über} = 20\ \ell$

34 a) Der Eiswürfel schwimmt im Wasser. Das feste Stück Wachs sinkt im flüssigen Wachs.

b) Die Dichte von Eis ist geringer als die von Wasser. Hingegen ist die Dichte von festem Wachs größer als die von flüssigem Wachs.

c) Es handelt sich um die Anomalie beim Erstarren.
Erklärung: Zwischen den H_2O-Molekülen gibt es Wasserstoffbrückenbindungen, d. h., das H-Atom eines Moleküls und das O-Atom eines anderen Moleküls ziehen sich an. Beim Erstarren ordnen sich die H_2O-Moleküle zu einem Gitter an, das einen größeren Rauminhalt beansprucht.

d) Geg.: $m = 1{,}00\ \text{kg}$; $V_W = 1{,}00\ \text{dm}^3$; $V_E = 1{,}09\ \text{dm}^3$
Ges.: ρ_W; ρ_E

$$\rho_W = \frac{m}{V_W}$$

$$\rho_W = \frac{1{,}00\ \text{kg}}{1{,}00\ \text{dm}^3}$$ 3 gültige Ziffern [TR: 1]

$$\rho_W = 1{,}00\ \frac{\text{kg}}{\text{dm}^3}$$

$$\rho_E = \frac{m}{V_E}$$

$$\rho_E = \frac{1{,}00\ \text{kg}}{1{,}09\ \text{dm}^3}$$ 3 gültige Ziffern [TR: 0,9174…]

$$\rho_E = 0{,}917\ \frac{\text{kg}}{\text{dm}^3}$$

e) Beispiele:
- Erstarrendes Wasser kann Rohrleitungen beschädigen (Wasserleitungen, Kühlwasserkreislauf des Pkws).
- Felsstürze/Absprengung von Steinbrocken (Erosion)
- Frostaufbrüche/Schlaglöcher

35 (1) Durch Asphaltrisse gelangt Wasser unter die Fahrbahndecke.

(2) Erstarrt das Wasser, so nimmt sein Volumen zu. Die Fahrbahndecke wölbt sich.

(3) Es bleiben Hohlräume zurück, die größer sind also zuvor.

(4) Die Hohlräume werden durch den Verkehr (Gewichtskräfte) eingedrückt. Ein Schlagloch ist entstanden.

36 a) Das Wasser gibt Wärme an die kalte Luft ab. Dadurch sinkt die innere Energie des Wassers und es findet der Phasenübergang von flüssig zu fest statt. Aufgrund der Dichteanomalie beim Erstarren bleibt das Eis an der Oberfläche und sinkt nicht ab.

b) Wegen der Anomalie beim Abkühlen besitzt das Wasser bei 4 °C die größte Dichte, sinkt zum Grund ab und bildet dort die unterste Schicht. Da die Dichte von Wasser zwischen 4 °C und 0 °C abnimmt, findet man diesen Temperaturverlauf von unten nach oben.

c) Da das Eis die oberste Schicht des Sees bildet, wirkt es zwischen Luft und Wasser als isolierende Schicht und verlangsamt den Vorgang des Erstarrens.

d)
- Ohne die Anomalie beim Abkühlen gäbe es keine Temperaturschicht mit 4 °C am Grund des Sees. Stattdessen würde ein abnehmender Temperaturverlauf von oben nach unten entstehen. Die Wasserschicht mit der höchsten Temperatur wäre wegen der geringsten Dichte an der Seeoberfläche.
- Ohne die Anomalie beim Erstarren würde das an der Oberfläche gebildete Eis absinken und sich am Grund ansammeln. Der See würde also von unten nach oben erstarren.
  Die Wärmeabgabe und das vollständige Erstarren würden deutlich schneller ablaufen.

37 a) Es liegt eine isotherme Zustandsänderung vor.

b) Geg.: $V_1 = 5{,}00\ \ell$; $p_1 = 180$ bar; $p_2 = 1\,013$ hPa
Ges.: V_{aus}

$$p_1 \cdot V_1 = p_2 \cdot V_2 \quad \Rightarrow \quad V_2 = \frac{p_1 \cdot V_1}{p_2}$$

$$V_2 = \frac{180\ \text{bar} \cdot 5{,}00\ \ell}{1\,013\ \text{hPa}}$$ (1 013 hPa = 1,013 bar)

$$V_2 = \frac{180\ \text{bar} \cdot 5{,}00\ \ell}{1{,}013\ \text{bar}}$$ 3 gültige Ziffern [TR: 888,4…]

$$V_2 = 888\ \frac{\text{bar} \cdot \ell}{\text{bar}}$$

$$V_2 = 888\ \ell$$

Da in der Sauerstoffflasche 5,00 Liter verbleiben, kann nur die Differenz ausströmen.

$$V_{aus} = V_2 - V_1$$

$$V_{aus} = 888\ \ell - 5{,}00\ \ell$$ 0 gültige Nachkommastellen [TR: 883]

$$V_{aus} = 883\ \ell$$

38 a) Es handelt sich um eine isobare Zustandsänderung.

b) Geg.: $\ell = 15{,}0$ m; $b = 8{,}00$ m; $h = 3{,}00$ m; $\vartheta_1 = 22\ °C$; $\vartheta_2 = 10\ °C$
Ges.: ΔV (in ℓ)

$$\vartheta_1 = 22\ °C \quad \Rightarrow \quad T_1 = 295\ K$$

$$\vartheta_2 = 10\ °C \quad \Rightarrow \quad T_2 = 283\ K$$

$V_1 = \ell \cdot b \cdot h$

$V_1 = 15,0 \text{ m} \cdot 8,00 \text{ m} \cdot 3,00 \text{ m}$ 3 gültige Ziffern [TR: 360]

$V_1 = 360 \text{ m}^3$

$\frac{V_1}{T_1} = \frac{V_2}{T_2} \Rightarrow V_2 = \frac{V_1}{T_1} \cdot T_2$

$V_2 = \frac{360 \text{ m}^3 \cdot 283 \text{ K}}{295 \text{ K}}$ 3 gültige Ziffern [TR: 345,3…]

$V_2 = 345 \frac{\text{m}^3 \cdot \text{K}}{\text{K}}$

$V_2 = 345 \text{ m}^3$

$\Delta V = V_2 - V_1$

$\Delta V = 345 \text{ m}^3 - 360 \text{ m}^3$ 0 gültige Nachkommastellen [TR: 15]

$\Delta V = -15 \text{ m}^3$

Das Luftvolumen im Raum nimmt also ab. Wegen des konstanten Drucks strömen 15 m³ Luft von außen in den Raum.

39 Geg.: $V_1 = 50,0\ \ell$; $\vartheta_1 = 15\ °\text{C}$; $p_{1,\text{rel}} = 1,9$ bar; $\Delta\vartheta = 42\ °\text{C}$; $V_2 = 51,3\ \ell$; $p_L = 1,0$ bar

Ges.: $p_{2,\text{rel}}$

$\vartheta_1 = 15\ °\text{C} \Rightarrow T_1 = 288 \text{ K}$

$\Delta\vartheta = \vartheta_2 - \vartheta_1 \Rightarrow \vartheta_2 = \Delta\vartheta + \vartheta_1$

$\vartheta_2 = 42\ °\text{C} + 15\ °\text{C}$

$\vartheta_2 = 57\ °\text{C} \Rightarrow T_2 = 330 \text{ K}$

Der Druck im Reifen setzt sich aus dem Überdruck (relativ zum Luftdruck) und dem Luftdruck zusammen.

$p_1 = p_{1,\text{rel}} + p_L$

$p_1 = 1,9 \text{ bar} + 1,0 \text{ bar}$ 1 gültige Nachkommastelle [TR: 2,9]

$p_1 = 2,9 \text{ bar}$

$\frac{p_1 \cdot V_1}{T_1} = \frac{p_2 \cdot V_2}{T_2} \Rightarrow p_2 = \frac{p_1 \cdot V_1 \cdot T_2}{T_1 \cdot V_2}$

$p_2 = \frac{2,9 \text{ bar} \cdot 50\ \ell \cdot 330 \text{ K}}{288 \text{ K} \cdot 51,3\ \ell}$ 2 gültige Ziffern [TR: 3,238…]

$p_2 = 3,2 \text{ bar}$

$p_2 = p_{2,\text{rel}} + p_L \Rightarrow p_{2,\text{rel}} = p_2 - p_L$

$p_{2,\text{rel}} = 3,2 \text{ bar} - 1,0 \text{ bar}$

$p_{2,\text{rel}} = 2,2 \text{ bar}$

Das Manometer zeigt nach der Fahrt einen Überdruck von 2,2 bar an.

40 a) Geg.: $V_1 = 5\,000\ m^3$; $\vartheta_1 = 24\ °C$; $p_1 = 955\ hPa$; $\vartheta_2 = -26\ °C$; $p_2 = 10\ hPa$
Ges.: V_2

$\vartheta_1 = 24\ °C \Rightarrow T_1 = 297\ K$

$\vartheta_2 = -26\ °C \Rightarrow T_2 = 247\ K$

$$\frac{p_1 \cdot V_1}{T_1} = \frac{p_2 \cdot V_2}{T_2} \Rightarrow V_2 = \frac{p_1 \cdot V_1}{T_1} \cdot \frac{T_2}{p_2}$$

$$V_2 = \frac{955\ hPa \cdot 5\,000\ m^3}{297\ K} \cdot \frac{247\ K}{10\ hPa}$$ 2 gültige Ziffern [TR: 397 112,7 …]

$$V_2 = 4{,}0 \cdot 10^5\ m^3$$

b) Geg.: $V_1 = 5\,000\ m^3$; $V_2 = 4{,}0 \cdot 10^5\ m^3$
Ges.: x (Vergleichsfaktor)

$$x = \frac{V_2}{V_1}$$

$$x = \frac{4{,}0 \cdot 10^5\ m^3}{5\,000\ m^3}$$ 2 gültige Ziffern [TR: 80]

$$x = 80$$

Das Volumen des Ballons hat um den Faktor 80 zugenommen.

41
- Durch eine Temperaturerhöhung besitzen die Teilchen eine höhere mittlere Geschwindigkeit.
- Die Teilchen stoßen nun mit einer größeren Kraft auf die Gefäßwand. Dadurch nimmt der Druck zu.
- Das Gas nimmt an Volumen zu, bis sich ein Ausgleich mit dem Umgebungsdruck eingestellt hat.

42 a)

ϑ in °C	0	50	100	150	200
V in cm^3	300	354	410	464	520
ΔV in cm^3	0	54	110	164	220

b) Geg.: $\vartheta_A = 0\ °C$; $\vartheta_E = 200\ °C$; $V_0 = 300\ m\ell$; $\Delta V = 220\ m\ell$
Ges.: γ

$\Delta\vartheta = \vartheta_E - \vartheta_A$

$\Delta\vartheta = 200\ °C - 0\ °C$

$\Delta\vartheta = 200\ °C$

$\Delta V = 220\ m\ell$

$$\Delta V = \gamma \cdot V_0 \cdot \Delta\vartheta \;\Rightarrow\; \gamma = \frac{\Delta V}{V_0 \cdot \Delta\vartheta}$$

$$\gamma = \frac{\Delta V}{V_0 \cdot \Delta\vartheta}$$

$$\gamma = \frac{220\,m\ell}{300\,m\ell \cdot 200\,°C}$$ 3 gültige Ziffern [TR: $3{,}666\ldots \cdot 10^{-3}$]

$$\gamma = 3{,}66 \cdot 10^{-3}\,\frac{m\ell}{m\ell \cdot °C}$$

$$\gamma = 3{,}66 \cdot 10^{-3}\,\frac{1}{K}$$

$$\frac{1}{\gamma} = \frac{1}{3{,}66 \cdot 10^{-3}\,\frac{1}{K}}$$ 3 gültige Ziffern [TR: 273,2…]

$$\frac{1}{\gamma} = 273\,K$$

Der Kehrwert des Volumenkoeffizienten entspricht der Anfangstemperatur des Gases.

c) V-ϑ-Diagramm:

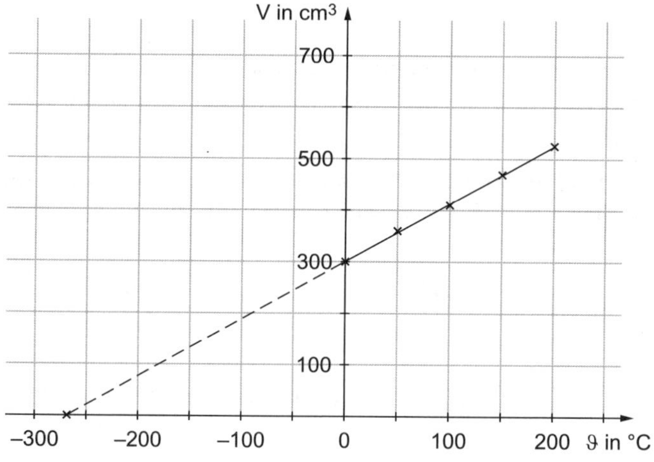

Bei dem Graphen handelt es sich um eine Strecke, jedoch keine Ursprungsstrecke. Daraus kann ein linearer Verlauf gefolgert werden, jedoch keine direkte Proportionalität.

d) Der Graph schneidet die ϑ-Achse bei –273 °C. Bei dieser Temperatur wäre das Volumen 0 cm^3.

e) Verschiebt man die V-Achse zu dem obigen Schnittpunkt, so kann man von dort die absolute Temperatur auf der ϑ-Achse antragen. Man erhält ein V-T-Diagramm. Die Strecke mit ihrer Verlängerung ist darin eine Ursprungsstrecke. Somit kann eine direkte Proportionalität von V und T gefolgert werden.

V-T-Diagramm:

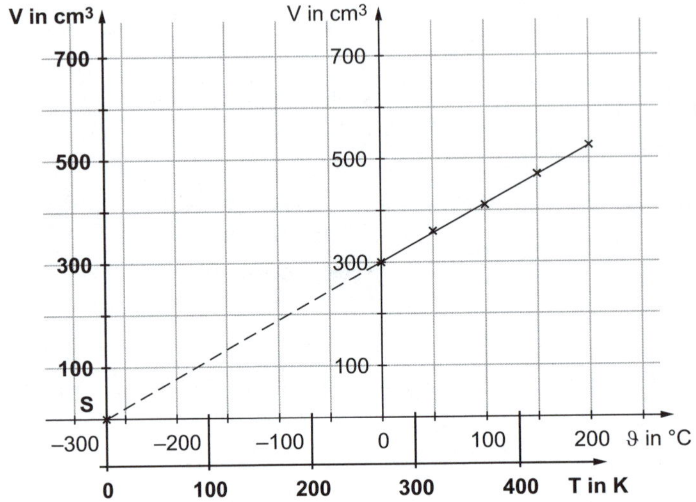

43 a) Bei der Angabe handelt es sich um die spezifische Wärmekapazität von Wasser. Konkret bedeutet der Wert, dass 4,182 kJ erforderlich sind, um 1 kg Wasser um 1 °C zu erwärmen.

b) Wegen der direkten Proportionalität zwischen Wärme und Masse ($Q \sim m$) wird für die 2-fache Masse die 2-fache Wärme benötigt ($Q \sim m$). Es sind also 8,364 kJ erforderlich.

c) Geg.: $c = 4{,}182\,\frac{\text{kJ}}{\text{kg} \cdot {}^\circ\text{C}}$; $m = 1{,}00\,\text{kg}$; $\vartheta_A = 20{,}0\,{}^\circ\text{C}$; $\vartheta_E = 30{,}0\,{}^\circ\text{C}$

Ges.: Q

$\Delta\vartheta = \vartheta_E - \vartheta_A$

$\Delta\vartheta = 30{,}0\,{}^\circ\text{C} - 20{,}0\,{}^\circ\text{C}$ 1 gültige Nachkommastelle [TR: 10]

$\Delta\vartheta = 10{,}0\,{}^\circ\text{C}$

$Q = c \cdot m \cdot \Delta\vartheta$

$Q = 4{,}182\,\frac{\text{kJ}}{\text{kg} \cdot {}^\circ\text{C}} \cdot 1{,}00\,\text{kg} \cdot 10{,}0\,{}^\circ\text{C}$ 3 gültige Ziffern [TR: 41,82]

$Q = 41{,}8\,\frac{\text{kJ}}{\text{kg} \cdot {}^\circ\text{C}} \cdot \text{kg} \cdot {}^\circ\text{C}$

$Q = 41{,}8\,\text{kJ}$

d) Geg.: $Q = 41{,}8\ \text{kJ}$; $\vartheta_A = 20{,}0\ °\text{C}$; $\vartheta_E = 30{,}0\ °\text{C}$; $c = 0{,}129\ \frac{\text{kJ}}{\text{kg} \cdot °\text{C}}$
Ges.: m
$\Delta\vartheta = 10{,}0\ °\text{C}$

$Q = c \cdot m \cdot \Delta\vartheta \quad \Rightarrow \quad m = \frac{Q}{c \cdot \Delta\vartheta}$

$m = \frac{41{,}8\ \text{kJ}}{0{,}129\ \frac{\text{kJ}}{\text{kg} \cdot °\text{C}} \cdot 10{,}0\ °\text{C}}$ 3 gültige Ziffern [TR: 32,40…]

$m = 32{,}4\ \frac{\text{kJ}}{\frac{\text{kJ}}{\text{kg} \cdot °\text{C}} \cdot °\text{C}}$

$m = 32{,}4\ \frac{\text{kJ}}{\frac{\text{kJ}}{\text{kg}}}$

$m = 32{,}4\ \text{kJ} \cdot \frac{\text{kg}}{\text{kJ}}$

$m = 32{,}4\ \text{kg}$

Im Vergleich zu Wasser kann für Blei durch eine bestimmte Wärmemenge eine wesentlich größere Masse (um 10 °C) erhitzt werden.

44 a) Geg.: $m = 300\ \text{g}$; $\vartheta_A = 700\ °\text{C}$; $\vartheta_E = 20\ °\text{C}$; $c = 0{,}477\ \frac{\text{kJ}}{\text{kg} \cdot °\text{C}}$;
Ges.: Q

Temperaturdifferenz

$\Delta\vartheta = \vartheta_E - \vartheta_A$

$\Delta\vartheta = 20\ °\text{C} - 700\ °\text{C}$ 0 gültige Nachkommastellen [TR: −680]

$\Delta\vartheta = -680\ °\text{C}$

Wärmemenge

$Q = c \cdot m \cdot \Delta\vartheta$

$Q = 0{,}477\ \frac{\text{kJ}}{\text{kg} \cdot °\text{C}} \cdot 300\ \text{g} \cdot (-680\ °\text{C})$

$Q = 0{,}477\ \frac{\text{kJ}}{\text{kg} \cdot °\text{C}} \cdot 0{,}300\ \text{kg} \cdot (-680\ °\text{C})$ 3 gültige Ziffern [TR: −97,308]

$Q = -97{,}3\ \frac{\text{kJ}}{\text{kg} \cdot °\text{C}} \cdot \text{kg} \cdot °\text{C}$

$Q = -97{,}3\ \text{kJ}$

b) Die Wärme wird durch den Vorgang der Wärmeleitung an das Wasser abgegeben.

c) Geg.: $Q = 97{,}3\ \text{kJ}$ (positiv wegen Aufnahme); $m = 2{,}00\ \text{kg}$; $c = 4{,}182\ \frac{\text{kJ}}{\text{kg} \cdot °\text{C}}$
$\vartheta_A = 13{,}7\ °\text{C}$
Ges.: ϑ_E

$$Q = c \cdot m \cdot \Delta\vartheta \quad \Rightarrow \quad \Delta\vartheta = \frac{Q}{c \cdot m}$$

$$\Delta\vartheta = \frac{97{,}3\ \text{kJ}}{4{,}182\ \frac{\text{kJ}}{\text{kg} \cdot °\text{C}} \cdot 2{,}00\ \text{kg}}$$ 3 gültige Ziffern [TR: 11,63…]

$$\Delta\vartheta = 11{,}6\ \frac{\text{kJ}}{\frac{\text{kJ}}{\text{kg} \cdot °\text{C}} \cdot \text{kg}} = 11{,}6\ \frac{\text{kJ}}{\frac{\text{kJ}}{°\text{C}}}$$

$$\Delta\vartheta = 11{,}6\ \text{kJ} \cdot \frac{°\text{C}}{\text{kJ}}$$

$$\Delta\vartheta = 11{,}6\ °\text{C}$$

$$\Delta\vartheta = \vartheta_E - \vartheta_A \quad \Rightarrow \quad \vartheta_E = \Delta\vartheta + \vartheta_A$$

$$\vartheta_E = 11{,}6\ °\text{C} + 13{,}7\ °\text{C}$$ 1 gültige Nachkommastelle [TR: 25,3]

$$\vartheta_E = 25{,}3\ °\text{C}$$

45 Geg.: $m = 1{,}30\ \text{kg}$; $Q = 22{,}26\ \text{kJ}$; $\Delta T = 39{,}0\ \text{K}$
Ges.: c

$$\Delta T = 39{,}0\ \text{K} \quad \Rightarrow \quad \Delta\vartheta = 39{,}0\ °\text{C}$$

$$Q = c \cdot m \cdot \Delta\vartheta \quad \Rightarrow \quad c = \frac{Q}{m \cdot \Delta\vartheta}$$

$$c = \frac{22{,}26\ \text{kJ}}{1{,}30\ \text{kg} \cdot 39{,}0\ °\text{C}}$$ 3 gültige Ziffern [TR: 0,4390…]

$$c = 0{,}439\ \frac{\text{kJ}}{\text{kg} \cdot °\text{C}}$$

Es könnte sich um Nickel handeln (vgl. Formelsammlung).

46 Geg.: $V = 2{,}5\ \ell$; $\rho = 0{,}789\ \frac{\text{kg}}{\text{dm}^3}$; $c = 2{,}428\ \frac{\text{kJ}}{\text{kg} \cdot °\text{C}}$; $Q = 120{,}3\ \text{kJ}$; $\vartheta_E = 53{,}5\ °\text{C}$
Ges.: ϑ_A

Masse des Ethanols

$$\rho = \frac{m}{V} \quad \Rightarrow \quad m = \rho \cdot V$$

$$m = 0{,}789\ \frac{\text{kg}}{\text{dm}^3} \cdot 2{,}5\ \ell$$

$$m = 0{,}789\ \frac{\text{kg}}{\text{dm}^3} \cdot 2{,}5\ \text{dm}^3$$ 2 gültige Ziffern [TR: 1,9725]

$$m = 2{,}0\ \frac{\text{kg}}{\text{dm}^3} \cdot \text{dm}^3$$

$$m = 2{,}0\ \text{kg}$$

Anfangstemperatur

$$Q = c \cdot m \cdot \Delta\vartheta \quad \Rightarrow \quad \Delta\vartheta = \frac{Q}{c \cdot m}$$

$$\Delta\vartheta = \frac{120{,}3\ \text{kJ}}{2{,}428\ \frac{\text{kJ}}{\text{kg} \cdot °\text{C}} \cdot 2{,}0\ \text{kg}}$$ 2 gültige Ziffern [TR: 24,77…]

$$\Delta\vartheta = 25\ \frac{\text{kJ}}{\frac{\text{kJ}}{\text{kg} \cdot °\text{C}} \cdot \text{kg}} = 25\ \frac{\text{kJ}}{\frac{\text{kJ}}{°\text{C}}} = 25\ \text{kJ} \cdot \frac{°\text{C}}{\text{kJ}}$$

$$\Delta\vartheta = 25\ °\text{C}$$

$$\Delta\vartheta = \vartheta_E - \vartheta_A \quad \Rightarrow \quad \vartheta_A = \vartheta_E - \Delta\vartheta$$

$$\vartheta_A = 53{,}5\ °\text{C} - 25\ °\text{C}$$ 0 gültige Nachkommastellen [TR: 28,5]

$$\vartheta_A = 29\ °\text{C}$$

47 a) – b) Vollständige Tabelle:

ϑ in °C	30	40	50	60	70
$\Delta\vartheta$ in °C	0	10	20	30	40
t in s	0	35	70	104	138
Q in kJ	0	11[1]	21	31,2	41,4
$\frac{Q}{\Delta\vartheta}$ in $\frac{\text{kJ}}{°\text{C}}$	–	1,1	1,1	1,0	1,0

1 Berechnungsbeispiel für Q = 11 kJ

$$Q = 300\ \text{W} \cdot 35\ \text{s}$$ 2 gültige Ziffern [TR: 10 500]

$$Q = 11 \cdot 10^3\ \text{J}$$

$$Q = 11\ \text{kJ}$$

Der Zusammenhang zwischen Q und $\Delta\vartheta$ scheint direkt proportional zu sein. Somit müssen bei der numerischen Auswertung die Quotienten $\frac{Q}{\Delta\vartheta}$ gebildet werden.

Ergebnis: Die Quotientenwerte von $\frac{Q}{\Delta\vartheta}$ sind fast gleich.

$\Rightarrow$ Quotientengleichheit

$\Rightarrow$ Direkte Proportionalität zwischen Q und $\Delta\vartheta$.

Kurzschreibweisen: $Q \sim \Delta\vartheta$ oder $\frac{Q}{\Delta\vartheta} = \text{const.}$

c) Q-Δϑ-Diagramm:

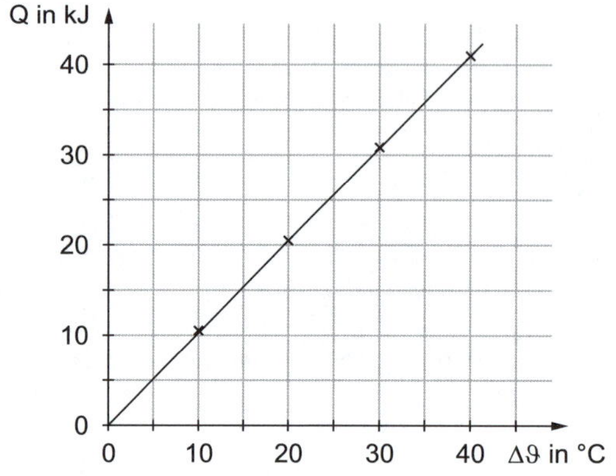

Ergebnis: Der Graph im Q-Δϑ-Diagramm ist eine Ursprungsstrecke.
$\Rightarrow$ Direkte Proportionalität zwischen Q und Δϑ.
(Das Ergebnis deckt sich also mit der numerischen Auswertung.)

d) Geg.: Messreihe; $m = 0{,}25$ kg
Ges.: c

Mittelwert der Quotientenwerte $\frac{Q}{\Delta\vartheta}$

$$\overline{\left(\frac{Q}{\Delta\vartheta}\right)} = \frac{1{,}1 + 1{,}1 + 1{,}0 + 1{,}0}{4}\,\frac{\text{kJ}}{°\text{C}}$$

$$\overline{\left(\frac{Q}{\Delta\vartheta}\right)} = 1{,}05\,\frac{\text{kJ}}{°\text{C}}$$

Berechnung von c mithilfe $\overline{\left(\frac{Q}{\Delta\vartheta}\right)}$

$$Q = c \cdot m \cdot \Delta\vartheta \quad \Rightarrow \quad c = \frac{Q}{m \cdot \Delta\vartheta}$$

$$c = \frac{1}{m} \cdot \overline{\left(\frac{Q}{\Delta\vartheta}\right)}$$

$$c = \frac{1}{0{,}25\ \text{kg}} \cdot 1{,}05\,\frac{\text{kJ}}{°\text{C}}$$ 2 gültige Ziffern [TR: 4,2]

$$c = 4{,}2\,\frac{\text{kJ}}{\text{kg} \cdot °\text{C}}$$

48 a) Bei der Angabe 1 800 Watt handelt es sich um die Leistung der Wärmequelle Wasserkocher. Pro Sekunde können 1 800 J abgegeben werden.

b) Geg.: $P = 1\,800\ W$; $t = 10\ s$

Ges.: Q

$P = \frac{Q}{t} \Rightarrow Q = P \cdot t$

$Q = 1\,800\ W \cdot 10\ s$ — 2 gültige Ziffern [TR: 18 000]

$Q = 18 \cdot 10^3\ J$

$Q = 18\ kJ$

c) Geg.: $P = 1\,800\ W$; $Q = 60{,}0\ kJ$

Ges.: t

$P = \frac{Q}{t} \Rightarrow t = \frac{Q}{P}$

$t = \frac{60{,}0\ kJ}{1\,800\ W}$

$t = \frac{60{,}0 \cdot 10^3\ J}{1\,800\ W}$ — 3 gültige Ziffern [TR: 33,33…]

$t = 33{,}3\ \frac{J}{W} = 33{,}3\ \frac{J}{\frac{J}{s}} = 33{,}3\ J \cdot \frac{s}{J}$

$t = 33{,}3\ s$

d) Geg.: $P = 1\,800\ W$; $m = 0{,}30\ kg$; $\vartheta_E = 90\ °C$; $\vartheta_A = 17\ °C$

Ges.: t

$\Delta\vartheta = \vartheta_E - \vartheta_A$

$\Delta\vartheta = 90\ °C - 17\ °C$ — 2 gültige Ziffern [TR: 73]

$\Delta\vartheta = 73\ °C$

$Q = c \cdot m \cdot \Delta\vartheta$

$Q = 4{,}182\ \frac{kJ}{kg \cdot °C} \cdot 0{,}30\ kg \cdot 73\ °C$ — 2 gültige Ziffern [TR: 91,5…]

$Q = 92\ \frac{kJ}{kg \cdot °C} \cdot kg \cdot °C$ — (in kJ)

$Q = 92\ kJ$

$P = \frac{Q}{t} \Rightarrow t = \frac{Q}{P}$

$t = \frac{92\ kJ}{1\,800\ W}$

$t = \frac{92 \cdot 10^3\ J}{1\,800\ W}$ — 2 gültige Ziffern [TR: 51,1…]

$t = 51\ \frac{J}{W}$

$t = 51\ s$

49 Geg.: $V = 400\ m\ell$; $\rho = 0{,}800\ \frac{kg}{dm^3}$; $c = 2{,}43\ \frac{kJ}{kg \cdot °C}$; $\vartheta_A = 15{,}0\ °C$; $\vartheta_E = 37{,}0\ °C$; $t = 56{,}6\ s$

Ges.: P

Masse

$\rho = \frac{m}{V} \Rightarrow m = \rho \cdot V$

$m = 0{,}800\ \frac{kg}{dm^3} \cdot 400\ m\ell$ (1 000 $m\ell$ = 1 dm^3)

$m = 0{,}800\ \frac{kg}{dm^3} \cdot 0{,}400\ dm^3$ 3 gültige Ziffern [TR: 0,320]

$m = 0{,}320\ \frac{kg}{dm^3} \cdot dm^3$

$m = 0{,}320\ kg$

Temperaturdifferenz

$\Delta\vartheta = \vartheta_E - \vartheta_A$

$\Delta\vartheta = 37{,}0\ °C - 15{,}0\ °C$ 1 gültige Nachkommastelle [TR: 22]

$\Delta\vartheta = 22{,}0\ °C$

Wärmemenge

$Q = c \cdot m \cdot \Delta\vartheta$

$Q = 2{,}43\ \frac{kJ}{kg \cdot °C} \cdot 0{,}320\ kg \cdot 22{,}0\ °C$ 3 gültige Ziffern [TR: 17,10…]

$Q = 17{,}1\ \frac{kJ}{kg \cdot °C} \cdot kg \cdot °C$

$Q = 17{,}1\ kJ$

Leistung

$P = \frac{Q}{t}$

$P = \frac{17{,}1\ kJ}{56{,}6\ s}$

$P = \frac{17{,}1 \cdot 10^3\ J}{56{,}6\ s}$ 3 gültige Ziffern [TR: 302,1…]

$P = 302\ \frac{J}{s}$ $(1\ W = 1\ \frac{J}{s})$

$P = 302\ W$

50 a) Geg.: $A = 50{,}0\ m^2$; $P_{pro\ m^2} = 200\ \frac{W}{m^2}$; $t = 60\ min$
Ges.: Q (in MJ)

Leistungsaufnahme der Terassenfläche

$P = P_{pro\ m^2} \cdot A$

$P = 200\ \frac{W}{m^2} \cdot 50{,}0\ m^2$ — 2 gültige Ziffern [TR: 10 000]

$P = 1{,}0 \cdot 10^4\ \frac{W}{m^2} \cdot m^2$

$P = 1{,}0 \cdot 10^4\ W$

Wärmemenge

$P = \frac{Q}{t} \Rightarrow Q = P \cdot t$

$Q = 1{,}0 \cdot 10^4\ W \cdot 60\ min$

$Q = 1{,}0 \cdot 10^4\ W \cdot 60 \cdot 60\ s$ — 2 gültige Ziffern [TR: 36 000 000]

$Q = 3{,}6 \cdot 10^7\ Ws$

$Q = 36\ MJ$

b) Geg.: $Q = 36\ MJ$; $c = 0{,}710\ \frac{kJ}{kg \cdot °C}$; $m = 3\,500\ kg$; $\vartheta_A = 12{,}0\ °C$
Ges.: ϑ_E

Für die Erwärmung verfügbare Wärmemenge

$Q' = \frac{2}{3} Q$

$Q' = \frac{2}{3} \cdot 36\ MJ$ — 2 gültige Ziffern [TR: 24] (in MJ)

$Q' = 24\ MJ$

Temperaturdifferenz

$Q' = c \cdot m \cdot \Delta\vartheta \Rightarrow \Delta\vartheta = \frac{Q'}{c \cdot m}$

$\Delta\vartheta = \frac{Q'}{c \cdot m}$

$\Delta\vartheta = \frac{24\ MJ}{0{,}710\ \frac{kJ}{kg \cdot °C} \cdot 3\,500\ kg}$

$\Delta\vartheta = \frac{24 \cdot 10^6\ J}{0{,}710\ \frac{10^3\ J}{kg \cdot °C} \cdot 3\,500\ kg}$ — 2 gültige Ziffern [TR: 9,657 …]

$\Delta\vartheta = 9{,}6\ \frac{J}{\frac{J}{kg \cdot °C} \cdot kg} = 9{,}6\ \frac{J}{\frac{J}{°C}} = 9{,}6\ J \cdot \frac{°C}{J}$

$\Delta\vartheta = 9{,}6\ °C$

Endtemperatur

$\Delta\vartheta = \vartheta_E - \vartheta_A \Rightarrow \vartheta_E = \Delta\vartheta + \vartheta_A$

$\vartheta_E = 12{,}0\ °C + 9{,}6\ °C$ — 1 gültige Nachkommastelle [TR: 21,6]

$\vartheta_E = 21{,}6\ °C$

51 a)

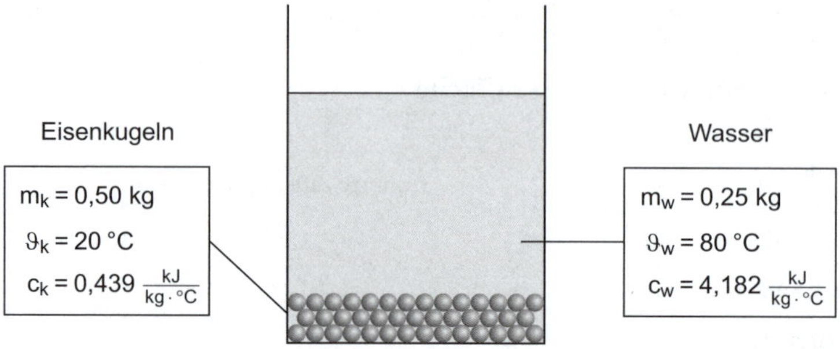

b) Geg.: $m_k = 0,50\text{ kg}$; $\vartheta_k = 20\text{ °C}$; $c_k = 0,439\ \frac{\text{kJ}}{\text{kg} \cdot \text{°C}}$; $m_w = 0,25\text{ kg}$; $\vartheta_w = 80\text{ °C}$; $c_w = 4,182\ \frac{\text{kJ}}{\text{kg} \cdot \text{°C}}$

Ges.: ϑ_m

$$\vartheta_m = \frac{c_w \cdot m_w \cdot \vartheta_w + c_k \cdot m_k \cdot \vartheta_k}{c_w \cdot m_w + c_k \cdot m_k}$$

$$\vartheta_m = \frac{4,182\ \frac{\text{kJ}}{\text{kg} \cdot \text{°C}} \cdot 0,25\text{ kg} \cdot 80\text{ °C} + 0,439\ \frac{\text{kJ}}{\text{kg} \cdot \text{°C}} \cdot 0,50\text{ kg} \cdot 20\text{ °C}}{4,182\ \frac{\text{kJ}}{\text{kg} \cdot \text{°C}} \cdot 0,25\text{ kg} + 0,439\ \frac{\text{kJ}}{\text{kg} \cdot \text{°C}} \cdot 0,50\text{ kg}}$$

2 gültige Ziffern
[TR: 69,5...]

$\vartheta_m = 70\text{ °C}$

c) Trotz der kleineren Masse hatte das Wasser einen größeren Einfluss auf die Mischungstemperatur. Das liegt an dem deutlich höheren c-Wert von Wasser gegenüber dem von Eisen.

d) Diese beiden Faktoren tragen dazu bei, dass die gemessene Temperatur niedriger ausfällt:
- Das Becherglas (mit Raumtemperatur) nimmt Wärme auf.
- Bis sich die Mischungstemperatur eingestellt hat, ist bereits Wärme an die Umgebung durch Wärmeleitung und Wärmestrahlung abgegeben worden.

e) Man kann statt dem Becherglas ein Thermosgefäß/Kalorimetergefäß verwenden. Dadurch fällt die Wärmeabgabe geringer aus.

52 Geg.: $m_k = 200\ \text{g}$; $c_k = 1{,}5\ \frac{\text{kJ}}{\text{kg} \cdot {}^\circ\text{C}}$; $\vartheta_k = -20\ {}^\circ\text{C}$; $V_w = 300\ m\ell$;
$c_w = 4{,}182\ \frac{\text{kJ}}{\text{kg} \cdot {}^\circ\text{C}}$; $\vartheta_w = 12\ {}^\circ\text{C}$

Ges.: ϑ_m

$V_w = 300\ m\ell \Rightarrow m_w = 0{,}300\ \text{kg}$ (für Wasser gilt: $\rho = 1{,}000\ \frac{\text{kg}}{\text{dm}^3}$)

$$\vartheta_m = \frac{c_w \cdot m_w \cdot \vartheta_w + c_k \cdot m_k \cdot \vartheta_k}{c_w \cdot m_w + c_k \cdot m_k}$$

$$\vartheta_m = \frac{4{,}182\ \frac{\text{kJ}}{\text{kg} \cdot {}^\circ\text{C}} \cdot 0{,}300\ \text{kg} \cdot 12\ {}^\circ\text{C} + 1{,}5\ \frac{\text{kJ}}{\text{kg} \cdot {}^\circ\text{C}} \cdot 0{,}200\ \text{kg} \cdot (-20\ {}^\circ\text{C})}{4{,}182\ \frac{\text{kJ}}{\text{kg} \cdot {}^\circ\text{C}} \cdot 0{,}300\ \text{kg} + 1{,}5\ \frac{\text{kJ}}{\text{kg} \cdot {}^\circ\text{C}} \cdot 0{,}200\ \text{kg}}$$

2 gültige Ziffern [TR: 5,82…]

$\vartheta_m = 5{,}8\ {}^\circ\text{C}$

53 Die Tomate besteht zum größten Teil aus Wasser. Die spezifische Wärmekapazität von Wasser ist größer als die des Pizzabodens. Beim Essen kann sich zwischen der Zungenoberfläche und der Tomate eine höhere Mischungstemperatur einstellen.

54 a) Bei den vermischten Körpern liegt die gleiche Stoffart (Wasser) und die gleiche Masse (0,50 kg) vor, also gilt $c_w = c_k$ und $m_w = m_k$.
Damit lässt sich die Formel so vereinfachen:

$$\vartheta_m = \frac{c_w \cdot m_w \cdot \vartheta_w + c_k \cdot m_k \cdot \vartheta_k}{c_w \cdot m_w + c_k \cdot m_k}$$

$c_w = c_k$ und $m_w = m_k$

$$\vartheta_m = \frac{c_w \cdot m_w \cdot \vartheta_w + c_w \cdot m_w \cdot \vartheta_k}{c_w \cdot m_w + c_w \cdot m_w}$$

Im Zähler und Nenner c_w und m_w ausklammern

$$\vartheta_m = \frac{c_w \cdot m_w \cdot (\vartheta_w + \vartheta_k)}{c_w \cdot m_w \cdot (1+1)}$$

c_w und m_w kürzen

$$\vartheta_m = \frac{\vartheta_w + \vartheta_k}{2}$$

Bei gleicher Stoffart und Masse kann die Mischungstemperatur als Mittelwert der Anfangstemperaturen berechnet werden.

b) Geg.: $\vartheta_k = 30\ {}^\circ\text{C}$; $\vartheta_m = 52\ {}^\circ\text{C}$

Ges.: ϑ_w

$$\vartheta_m = \frac{\vartheta_w + \vartheta_k}{2}$$

$$\vartheta_m \cdot 2 = \vartheta_w + \vartheta_k$$

$$\vartheta_m \cdot 2 - \vartheta_k = \vartheta_w$$

$$\vartheta_w = \vartheta_m \cdot 2 - \vartheta_k$$

$$\vartheta_w = 52\ {}^\circ\text{C} \cdot 2 - 30\ {}^\circ\text{C}$$

0 gültige Nachkommastellen [TR: 74]

$$\vartheta_w = 74\ {}^\circ\text{C}$$

55 a) Wasser: c_w; m_w; ϑ_w
Tasse: c_k; m_k; ϑ_k

$$\vartheta_m = \frac{c_w \cdot m_w \cdot \vartheta_w + c_k \cdot m_k \cdot \vartheta_k}{c_w \cdot m_w + c_k \cdot m_k}$$

$$\vartheta_m \cdot (c_w \cdot m_w + c_k \cdot m_k) = c_w \cdot m_w \cdot \vartheta_w + c_k \cdot m_k \cdot \vartheta_k$$

$$c_w \cdot m_w \cdot \vartheta_m + c_k \cdot m_k \cdot \vartheta_m = c_w \cdot m_w \cdot \vartheta_w + c_k \cdot m_k \cdot \vartheta_k$$

$$c_w \cdot m_w \cdot \vartheta_m - c_w \cdot m_w \cdot \vartheta_w = c_k \cdot m_k \cdot \vartheta_k - c_k \cdot m_k \cdot \vartheta_m$$

$$c_w \cdot m_w \cdot \vartheta_m - c_w \cdot m_w \cdot \vartheta_w = m_k \cdot (c_k \cdot \vartheta_k - c_k \cdot \vartheta_m)$$

$$m_k = \frac{c_w \cdot m_w \cdot \vartheta_m - c_w \cdot m_w \cdot \vartheta_w}{c_k \cdot \vartheta_k - c_k \cdot \vartheta_m}$$

b) Geg.: $V_w = 150\ m\ell$; $\vartheta_w = 85{,}9\ °C$; $c_w = 4{,}182\ \frac{kJ}{kg \cdot °C}$; $c_k = 0{,}80\ \frac{kJ}{kg \cdot °C}$;
$\vartheta_k = 20{,}0\ °C$; $\vartheta_m = 75{,}3\ °C$
Ges.: m_k (in g)
$V_w = 150\ m\ell \Rightarrow m_w = 0{,}150\ kg$

$$m_k = \frac{c_w \cdot m_w \cdot \vartheta_m - c_w \cdot m_w \cdot \vartheta_w}{c_k \cdot \vartheta_k - c_k \cdot \vartheta_m}$$

$$m_k = \frac{4{,}182\ \frac{kJ}{kg \cdot °C} \cdot 0{,}150\ kg \cdot 75{,}3\ °C - 4{,}182\ \frac{kJ}{kg \cdot °C} \cdot 0{,}150\ kg \cdot 85{,}9\ °C}{0{,}80\ \frac{kJ}{kg \cdot °C} \cdot 20{,}0\ °C - 0{,}80\ \frac{kJ}{kg \cdot °C} \cdot 75{,}3\ °C}$$

3 gültige Ziffern
[TR: 0,1503…]

$$m_k = 0{,}150\ kg$$

$$m_k = 150\ g$$

56

$$Q_{ab} + Q_{auf} = 0$$

$$c_w \cdot m_w \cdot (\vartheta_m - \vartheta_w) + c_k \cdot m_k \cdot (\vartheta_m - \vartheta_k) = 0$$

$$c_w \cdot m_w \cdot \vartheta_m - c_w \cdot m_w \cdot \vartheta_w + c_k \cdot m_k \cdot \vartheta_m - c_k \cdot m_k \cdot \vartheta_k = 0$$

$$c_w \cdot m_w \cdot \vartheta_m + c_k \cdot m_k \cdot \vartheta_m = c_w \cdot m_w \cdot \vartheta_w + c_k \cdot m_k \cdot \vartheta_k$$

$$(c_w \cdot m_w + c_k \cdot m_k) \cdot \vartheta_m = c_w \cdot m_w \cdot \vartheta_w + c_k \cdot m_k \cdot \vartheta_k$$

$$\vartheta_m = \frac{c_w \cdot m_w \cdot \vartheta_w + c_k \cdot m_k \cdot \vartheta_k}{c_w \cdot m_w + c_k \cdot m_k}$$

57 a) Die zugeführte Wärme erhöht die innere Energie des Wassers, jedoch nur deren potenziellen Anteil. Somit wird nur der mittlere Abstand der Teilchen erhöht, nicht jedoch die mittlere Geschwindigkeit der Teilchen.

b) Geg.: P = 1 000 W; t = 2 257 s
Ges.: Q

$P = \frac{Q}{t} \Rightarrow Q = P \cdot t$

$Q = 1\,000\ \text{W} \cdot 2\,257\ \text{s}$ 4 gültige Ziffern [TR: 2 257 000]

$Q = 2\,257 \cdot 10^3\ \text{J}$

$Q = 2\,257\ \text{kJ}$

Der Wert stimmt gut mit dem Wert aus der Formelsammlung $Q_V = 2\,260\ \text{kJ}$ überein.

c) Die Verdampfungswärme ist deutlich größer als 418 kJ.
Der Unterschied kann damit erklärt werden, dass die Wassermoleküle zum Übertritt in die Gasphase viel Energie benötigen, um sich aus dem Verband zu lösen und damit einen deutlich größeren Abstand zueinander einzunehmen.

d) Vervollständigtes ϑ-Q-Diagramm:

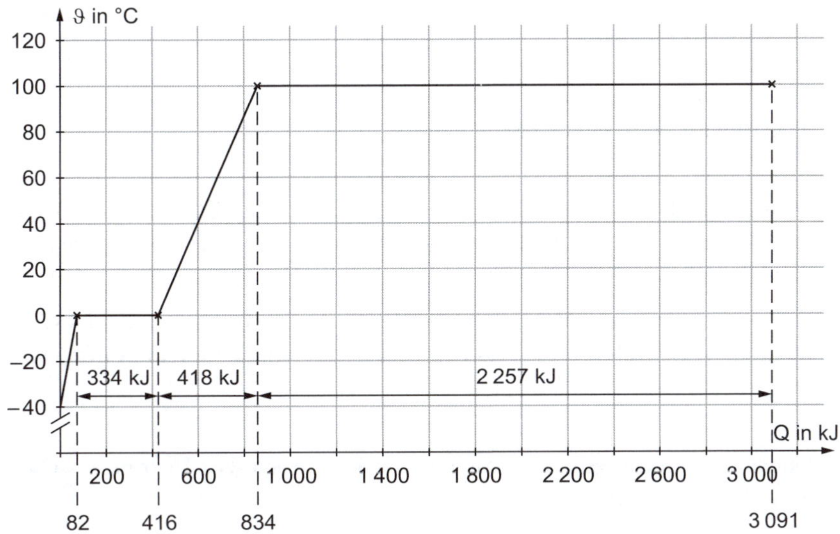

58 a) Bei dem deutlich verminderten Luftdruck sind die Kräfte auf die Wasseroberfläche so gering, dass die Wassermoleküle bei 20 °C genügend Energie besitzen, um in die Gasphase überzutreten. Das Wasser siedet bei konstanter Temperatur.

b) Bei einem Luftdruck von 330 mbar siedet das Wasser bereits bei 70 °C. Damit ist es nicht möglich, Eier zu kochen.

c) In einem Schnellkochtopf kann sich durch den festen Verschluss ein höherer Gasdruck ausbilden. Dadurch ist der Siedepunkt von Wasser erhöht. Die Garzeit fällt damit deutlich kürzer aus.

59 a) Durch die Verdunstungskühlung geben die Wassertropfen auf der Haut Wärme ab und nehmen dadurch eine niedrigere Temperatur ein. (Durch Wärmeleitung sinkt die Temperatur der Haut.)
Mit dem Teilchenmodell lässt sich das so erklären: Aus jedem Wassertropfen auf der Haut können nur Teilchen mit besonders hoher Geschwindigkeit in die Gasphase übertreten. Die mittlere Geschwindigkeit der Teilchen in den Wassertropfen ist kleiner. Damit ist auch die Temperatur kleiner.

b) Etwas Wasser dringt durch die Poren an die Oberfläche des Krugs. Dort kommt es zur Verdunstungskühlung.

c) Die vorteilhaften Bedingungen für das Trocknen von Wäsche sind:
- größere Oberfläche
- höhere Temperatur
- niedrigerer Luftdruck
- Luftbewegung/Wind
- geringere Luftfeuchtigkeit

60 a) Beim Verdunsten von Schweiß auf der Haut findet der Effekt der Verdunstungskühlung statt. Dadurch kann Wärme an die Umgebung abgegeben werden.

b) Durch die befeuchtete Zunge (große Oberfläche) ereignet sich Verdunstungskühlung. Das Hecheln verstärkt den Effekt durch die vermehrte Luftbewegung.

61 a) Dehnt sich ein Gas aus, so verrichtet es selbst Arbeit. Die Energie des Gases wird dadurch verringert.

b) Der Betrag der Abtrennarbeit wird kleiner.

c) Entsprechend der Formel $Q = \Delta U + p \cdot \Delta V$ besteht die Verdampfungswärme aus Abtrennarbeit und Volumenarbeit. Die Abtrennarbeit ist nötig, um die Abstände zwischen den Teilchen zu vergrößern. Die Volumenarbeit ist erforderlich, damit sich das Gas gegen den Luftdruck ausdehnen kann.

62 a) Geg.: $V_A = 1\ \ell$; $V_E = 423\ \ell$; $p = 1\,013$ hPa

Ges.: W_V

Das Volumen nimmt von 1 ℓ auf 423 ℓ zu. Die Volumenänderung entspricht der Differenz der Volumina.

$\Delta V = V_E - V_A$

$\Delta V = 423\ \ell - 1\ \ell$

$\Delta V = 422\ \ell$

$W_V = -p \cdot \Delta V$

$W_V = -1\,013\ \text{hPa} \cdot 422\ \ell$

$W_V = -1{,}013 \cdot 10^5\ \frac{N}{m^2} \cdot 422 \cdot 10^{-3}\ m^3$ — 3 gültige Ziffern [TR: −42 748, 6]

$W_V = -4{,}27 \cdot 10^4\ \frac{N}{m^2} \cdot m^3$

$W_V = -4{,}27 \cdot 10^4\ Nm$

$W_V = -42{,}7 \cdot 10^3\ Nm$ — (1 J = 1 Nm)

$W_V = -42{,}7\ kJ$

Die Volumenarbeit ist die Arbeit des Gases, die das Gas beim Ausbreiten gegen den Luftdruck verrichtet.

b) Geg.: $Q = 667$ kJ; $W_V = -42{,}7$ kJ

Ges.: ΔU

$\Delta U = Q + W_V$

$\Delta U = 667\ kJ + (-42{,}7\ kJ)$ — 0 gültige Nachkommastellen [TR: 624,3]

$\Delta U = 624\ kJ$

c) Durch die Abtrennarbeit ist die mittlere potenzielle Energie der Ethanol-Teilchen erhöht worden.

63 a) Geg.: $G = 100\ cm^2$; $h = 10{,}0$ cm; $p = 980$ hPa

Ges.: W_V

Volumenzunahme

$\Delta V = G \cdot h$

$\Delta V = 100\ cm^2 \cdot 10{,}0\ cm$ — 3 gültige Ziffern [TR: 1 000]

$\Delta V = 1{,}00 \cdot 10^3\ cm^3$

$\Delta V = 1{,}00\ \ell$

Volumenarbeit

$W_V = -p \cdot \Delta V$

$W_V = -980\ \text{hPa} \cdot 1{,}00\ \ell$

$W_V = -0{,}980 \cdot 10^5\ \frac{N}{m^2} \cdot 1{,}00 \cdot 10^{-3}\ m^3$ 3 gültige Ziffern [TR: –98]

$W_V = -98{,}0\ \frac{N}{m^2} \cdot m^3$

$W_V = -98{,}0\ Nm$ (1 J = 1 Nm)

$W_V = -98{,}0\ J$

b) Geg.: $Q = 300\ J$; $W_V = -98{,}0\ J$
Ges.: ΔU

$\Delta U = Q + W_V$

$\Delta U = 300\ J - 98{,}0\ J$ 0 gültige Nachkommastellen [TR: 202]

$\Delta U = 202\ J$

c) Geg.: $Q = 300\ J$; $W_V = -98{,}0\ J$
Ges.: x (Anteil)

$x = \frac{W_V}{Q}$

$x = \frac{98{,}0\ J}{300\ J}$ 3 gültige Ziffern [TR: 0,3266…]

$x = 0{,}326$

$x = 32{,}6\ \%$

64 a) Der Viertakt-Ottomotor ist eine Wärmekraftmaschine mit innerer Verbrennung, bei der sich vier Takte periodisch wiederholen. Es wird Fremdzündung eingesetzt, d. h., das verdichtete Benzin-Luft-Gemisch wird durch Zündkerzen gezündet.

b) Die vier Takte lauten: Ansaugen, Verdichten, Arbeiten und Ausstoßen.

c) Nur beim Arbeitstakt wird Arbeit am Kolben verrichtet. In diesem Takt sind beide Ventile geschlossen. Das Gemisch verbrennt und erreicht über 100 bar und über 2 000 °C. Das Brenngas verrichtet am Kolben Arbeit und bewegt diesen nach unten. Der Druck und die Temperatur nehmen dabei ab.

65 a) Ein Magnet ist ein Körper, der bestimmte Körper magnetisch anziehen oder abstoßen kann. Die Ursache dafür ist die magnetische Kraft.

b) Die magnetische Kraft kann zwischen Magneten (Anziehung oder Abstoßung) oder zwischen Magneten und ferromagnetischen Körpern wie Eisen, Kobalt und Nickel wirken (nur Anziehung).

c) Als Magnetpole werden die Bereiche eines Magneten mit der größten Kraftwirkung bezeichnet.

d) Jeder Magnet ist ein magnetischer Dipol. Es ist nicht möglich, den magnetischen Nordpol und den magnetischen Südpol zu trennen.
Durch die Teilung des magnetisierten Eisendrahts erhält man zwei Teilstücke mit jeweils einem magnetischen Nordpol und Südpol. Die magnetische Ausrichtung der Teilstücke entspricht dabei der des ursprünglichen Eisendrahtes.

66 a) In der Raumumgebung eines Magneten existiert ein magnetisches Feld. Das magnetische Feld ist der Vermittler der magnetischen Kraft.

b) Die Magnetnadel zeigt mit ihrem Nordpol in die Richtung der Magnetfeldlinien.

c) Feldlinienbild:

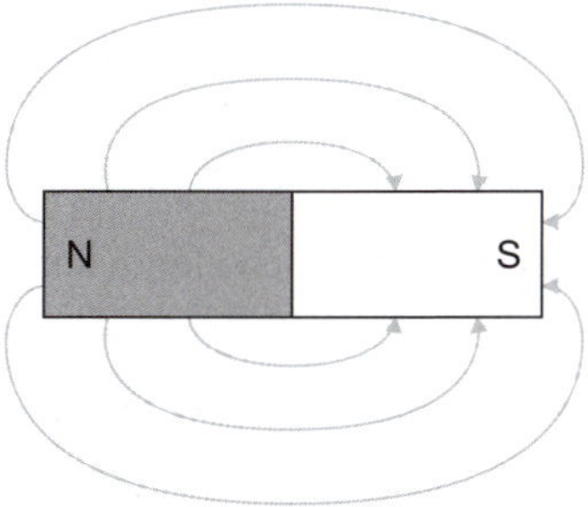

d) In einem homogenen Magnetfeld besitzen die Feldlinien eine einheitliche Dichte und Richtung.

e) Ein Magnetfeld kann durch einen ferromagnetischen Körper abgeschirmt werden.

67 a) Das Stück Eisen ist magnetisch geworden und weist einen magnetischen Nordpol und Südpol auf. Die magnetische Orientierung entspricht der des Stabmagneten.

b) Es hat magnetische Induktion stattgefunden. Das magnetische Feld des Stabmagneten hat auf das Stück Eisen eingewirkt und es magnetisiert. Durch das Magnetfeld des Stabmagneten wurden im Eisen Weiss-Bezirke gleichsinnig ausgerichtet, sodass dieser nach außen wie ein Magnet wirkt.

c) Durch die mechanische Erschütterung wird die gleichsinnige Ausrichtung der Weiss-Bezirke aufgehoben.

d) Wird die Curie-Temperatur eines Körpers erreicht ($T > T_C$), so ist die Magnetisierung vollständig aufgehoben.

68 a) Beobachtung: Der Türrahmen besitzt unten einen magnetischen Nordpol und oben einen magnetischen Südpol.
Erklärung: Der Türrahmen befindet sich im Magnetfeld der Erde. In dem Türrahmen hat magnetische Induktion stattgefunden. Da Deutschland auf der Nordhalbkugel und damit näher am geografischen Nordpol liegt, zeigt der magnetische Nordpol der Tür zur Erde, der magnetische Südpol der Tür in den Himmel bzw. unter ca. 65° zur Horizontalen in Richtung Himmel.

b) Zum Beispiel Tauben und Haie orientieren sich am Erdmagnetfeld.

c) Der magnetische Südpol liegt in der Nähe des geografischen Nordpols. Der magnetische Nordpol befindet sich in der Nähe des geografischen Südpols.

d) Die Deklination ist der abweichende Winkel zwischen magnetischer und geografischer Nord-Richtung.

69 a) Der Teilbereich der Elektrostatik beschäftigt sich mit ruhenden elektrischen Ladungen.

b) Ein positiv geladener Körper weist einen Elektronenmangel auf, ein negativ geladener Körper einen Elektronenüberschuss.

c) Durch die Reibung gehen Elektronen von dem Blatt Papier auf den Luftballon über. Der Luftballon besitzt anschließend einen Elektronenüberschuss und ist negativ geladen. Das Papier besitzt dann einen Elektronenmangel und ist positiv geladen.
Nach dem Grundsatz der Ladungserhaltung sind keine Ladungen erzeugt worden. Es hat nur eine Verlagerung von Elektronen stattgefunden.

d) Die positiven und negativen Ladungen ziehen sich gegenseitig an. Um den Abstand zwischen diesen entgegen der elektrischen Kraft zu vergrößern, muss Arbeit verrichtet werden.

e) Die beiden Luftballone stoßen sich ab. Durch das Reiben am Papier wurden beide Körper negativ geladen. Gleichnamig geladene Körper stoßen sich wegen der elektrischen Kraft ab.

f) Die Ladungstrennung kann z. B. durch einen Generator oder eine Batterie erreicht werden.

70 Wir beginnen mit der Situation, in der eine Kugel durch Berührung der negativ geladenen Platte selbst negative Ladungen aufgenommen hat.

(1)

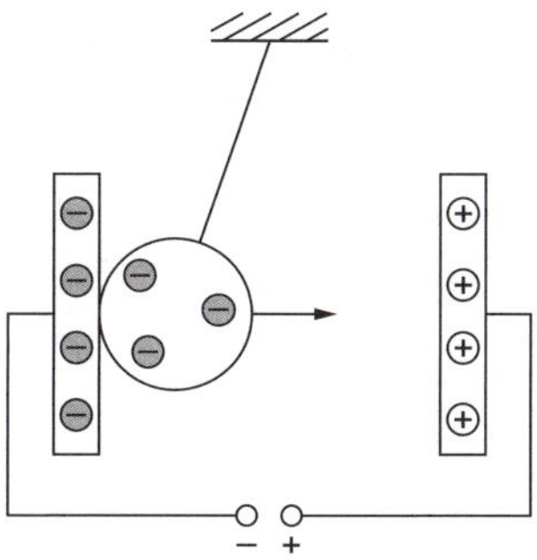

(2)

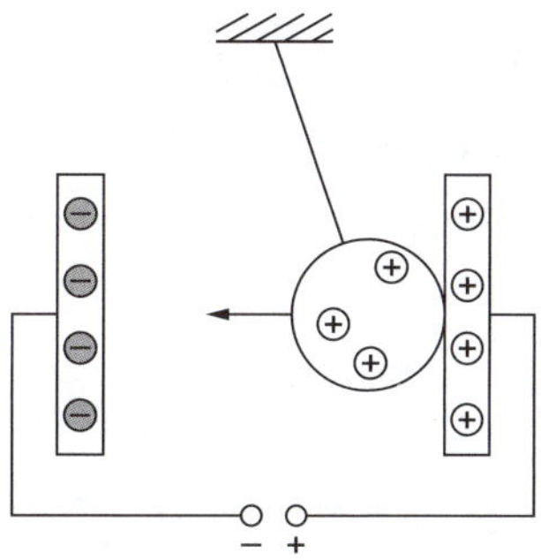

(1) Die negativ geladene Kugel bewegt sich zur positiv geladenen Platte hin. (Abstoßung zwischen gleichnamigen Ladungen; Anziehung zwischen ungleichnamigen Ladungen)
(2) Durch Kontakt mit der positiv geladenen Platte wird die Kugel positiv geladen und bewegt sich zur negativ geladenen Platte. (Abstoßung zwischen gleichnamigen Ladungen; Anziehung zwischen ungleichnamigen Ladungen) Dann wiederholt sich Schritt (1).

71 a) Geg.: $n = 10^6$ (exakt); $e = 1{,}6022 \cdot 10^{-19}$ C
Ges.: Q
$Q = n \cdot e$
$Q = 10^6 \cdot 1{,}6022 \cdot 10^{-19}\,\text{C}$ 5 gültige Ziffern [TR: $1{,}6022 \cdot 10^{-13}$]
$Q = 1{,}6022 \cdot 10^{-13}\,\text{C}$

b) Geg.: $n = 2{,}81 \cdot 10^{18}$ (exakt); $e = 1{,}6022 \cdot 10^{-19}$ C
Ges.: Q
$Q = n \cdot e$
$Q = 2{,}81 \cdot 10^{18} \cdot 1{,}6022 \cdot 10^{-19}\,\text{C}$ 3 gültige Ziffern [TR: 0,4502…]
$Q = 0{,}450\,\text{C}$

72 a) $Q = 2\,000\ \text{mAh}$

$Q = 2\,000 \cdot 10^{-3}\ \text{Ah}$

$Q = 2\,000 \cdot 10^{-3}\ \text{A} \cdot 3\,600\ \text{s}$ 4 gültige Ziffern [TR: 7 200]

$Q = 7\,200\ \text{A} \cdot \text{s}$

$Q = 7\,200\ \text{C}$

b) $Q = 360\ \text{kC}$

$Q = 360\ \text{kC} \cdot \frac{1\ \text{Ah}}{1\ \text{Ah}}$

$Q = 360 \cdot 10^3\ \text{C} \cdot \frac{1\ \text{Ah}}{3\,600\ \text{C}}$ 3 gültige Ziffern [TR: 100]

$Q = 100\ \text{C} \cdot \frac{\text{Ah}}{\text{C}}$

$Q = 100\ \text{Ah}$

73 Geg.: $Q = 1{,}000\ \text{C}$; $e = 1{,}6022 \cdot 10^{-19}\ \text{C}$
Ges.: n

$Q = n \cdot e \Rightarrow n = \frac{Q}{e}$

$n = \frac{1{,}000\ \text{C}}{1{,}6022 \cdot 10^{-19}\ \text{C}}$ 4 gültige Ziffern [TR: $6{,}2414\ldots \cdot 10^{18}$]

$n = 6{,}241 \cdot 10^{18}$

Die Anzahl der Elementarladungen, die 1,000 C bilden, ist vergleichbar mit der Anzahl der Insekten auf der Erde.

74 Geg.: $Q = 3{,}57\ \text{nC}$; $e = 1{,}6022 \cdot 10^{-19}\ \text{C}$
Ges.: n

$Q = n \cdot e \Rightarrow n = \frac{Q}{e}$

$n = \frac{3{,}57\ \text{nC}}{1{,}6022 \cdot 10^{-19}\ \text{C}}$

$n = \frac{3{,}57 \cdot 10^{-9}\ \text{C}}{1{,}6022 \cdot 10^{-19}\ \text{C}}$ 3 gültige Ziffern [TR: $2{,}228\ldots \cdot 10^{10}$]

$n = 2{,}23 \cdot 10^{10}\ \text{C}$

Es handelt sich um 22,3 Milliarden Elektronen.

75 a) Die Karosserie des Fahrzeugs ist ein faradayscher Käfig. Elektrische Ladungen fließen nur über die Außenfläche ab. Das Innere bzw. der Innenraum ist feldfrei.

b) Der Blitzableiter ist eine Schutzeinrichtung vor Blitzen in Häusern. Der Blitzableiter ist ein Leiter, der die höchste Stelle eines Hauses überragt und geerdet ist. Bei einer gewittrigen Wetterlage ist die Luft elektrisiert. Auf der Spitze des Blitzableiters sammeln sich viele Elektronen und treten aus. Die umgebenden Luftmoleküle sind ionisiert. Ein Blitz schlägt deshalb wahrscheinlicher in den Blitzableiter ein.

76 a) Der Lack und das zu lackierende Werkstück tragen ungleichnamige Ladungen. Die geladenen Lacktröpfchen werden von dem Werkstück angezogen und auf dessen Oberfläche neutralisiert. Dort bleiben sie haften.

b) Die Vorteile sind z. B.:
- Effizienter Einsatz von Lack (dadurch umweltschonender)
- Anwendung auch für Objekte mit besonderer Struktur
- Zeitersparnis

77
- Die dünne Sprüh-Elektrode stößt Elektronen ab.
- Die Staubteilchen nehmen die Elektronen auf und werden dadurch negativ geladen.
- Die negativ geladenen Staubteilchen werden von der Abscheide-Elektrode angezogen und dort entladen.

78 a) Ein elektrisches Feld ist der Wirkungsbereich in der Raumumgebung einer elektrischen Ladung. Es ist der Vermittler der elektrischen Kraft.

b) Die Aussage ist falsch. Im Gegensatz zum magnetischen Feld stellen die elektrischen Feldlinien keine geschlossenen Bahnen dar.

c) In einem homogenen elektrischen Feld besitzen die Feldlinien die gleiche Dichte und Richtung. Diese Feldform lässt sich zwischen zwei parallelen ungleichnamig geladenen Platten erzeugen.

d) Das elektrische Feld lässt sich durch eine geschlossene Hülle aus Metall abschirmen. Das Innere ist frei von Ladungen und Feldlinien (faradayscher Käfig).

79 a)

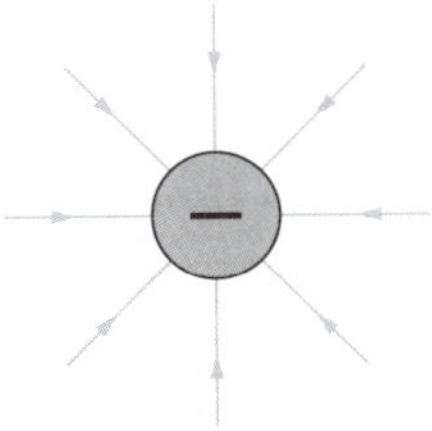

b)

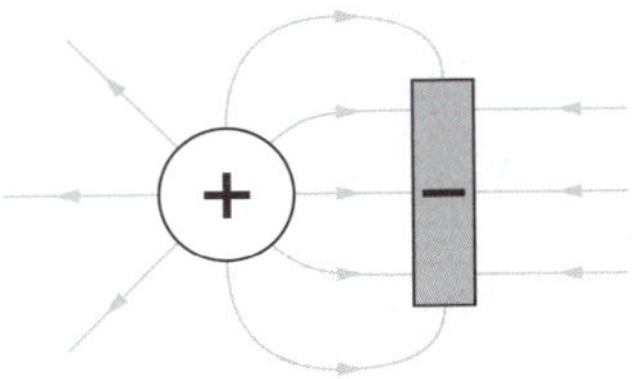

c)

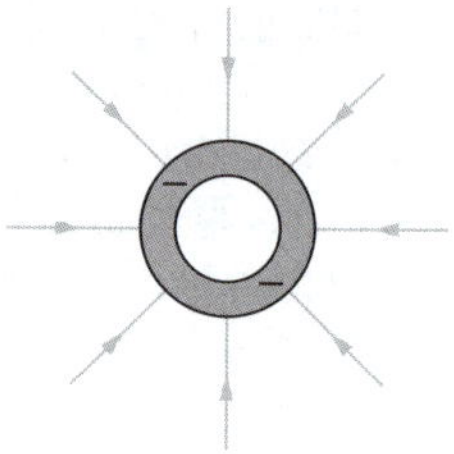

d)

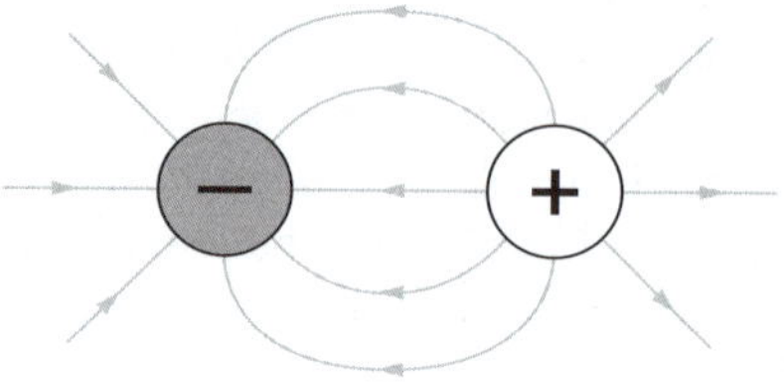

80 Der positiv geladene Stab besitzt ein elektrisches Feld. Das System der metallischen Körper Berührfläche, Träger und Zeiger befindet sich im elektrischen Feld des Stabs. Dadurch findet Influenz statt.
Die Elektronen werden zur Berührfläche des Elektroskops bewegt. Als Folge dessen sind der Träger und der Zeiger positiv geladen und stoßen sich ab. Man kann einen Zeigerausschlag erkennen.

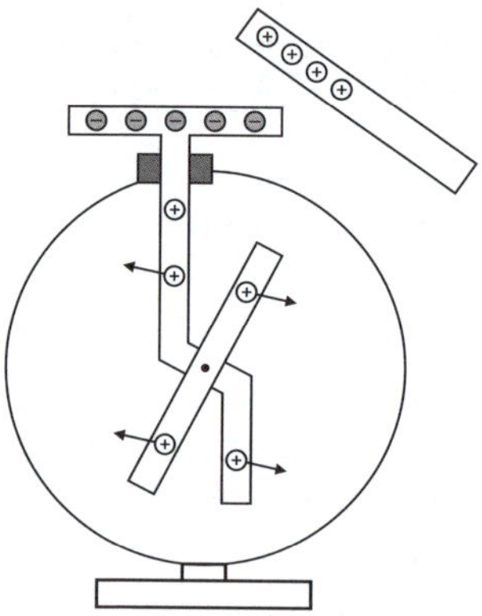

81 a) In Nichtleitern kann keine Influenz stattfinden, da diese nur über wenige frei bewegliche Elektronen verfügen. Dadurch kann sich keine räumliche Verschiebung von Ladungen ereignen.

b) Die Influenz ereignet sich in Metallen, die Polarisation in Nichtleitern. Bei der Influenz findet die räumliche Verschiebung von Ladungen statt, bei der Polarisation eine Verschiebung von Ladungen nur in sehr kleinen Bereichen.

c) Es gibt zwei Formen der Polarisation, nämlich die Verschiebungspolarisation und die Ausrichtungspolarisation.

d) Der Luftballon besitzt durch Reibung eine elektrische Ladung. Bringt man den Luftballon in Kontakt mit dem Katzenfell (Nichtleiter), so findet Polarisation statt. Zwischen dem Katzenfell und dem Luftballon kommt es zur Anziehung.

82 a) Bewegte Ladungen werden als elektrischer Strom bezeichnet.

b) Bei den bewegten Ladungen handelt es sich um Elektronen.

c) Ein Stromkreis ist eine sinnvolle Zusammenstellung von diesen Bestandteilen: Elektrizitätsquelle; elektrisches Bauelement/Energiewandler; Leitungen; eventuell Schalter

d) Ein Kurzschluss liegt vor, wenn ein geschlossener Stromkreis ohne einen Energiewandler vorliegt. Dann wirkt dem Stromfluss nur wenig Widerstand entgegen. Ein starker Strom und eine deutliche Temperaturzunahme der Leitungen sind die Folge.

83 a) Das Lämpchen leuchtet.

b) Die Temperatur der Leitung nimmt zu, das Lämpchen leuchtet nicht.

c) Das Lämpchen leuchtet nicht; die Leitung erhitzt sich.
Ist der Schalter S_1 geschlossen, ergibt sich ein Kurzschluss. Den Elektronen steht ein besonders einfacher Weg über eine Leitung zur Verfügung. Der elektrische Strom fließt somit (fast) nur noch über S_1. Es ergibt sich der dargestellte Stromfluss.
Die Elektronen geben ihre Energie vollständig an die Leitungen ab. Die Temperatur der Leitung nimmt somit zu.

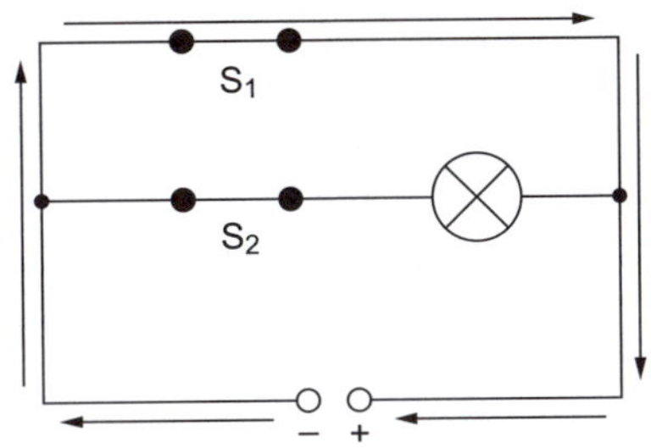

84 a) Schaltskizze mit Elektromotor

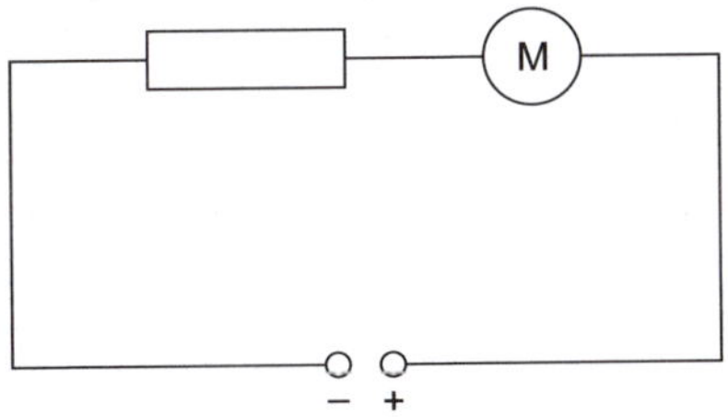

b) Schaltskizze von Taschenlampe

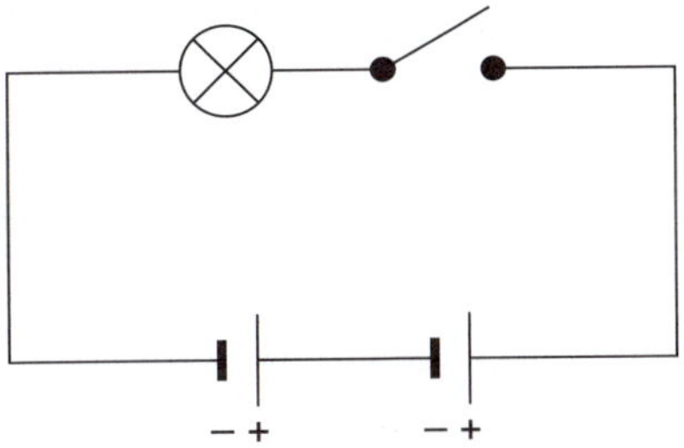

c) Schaltskizze von Stehlampe

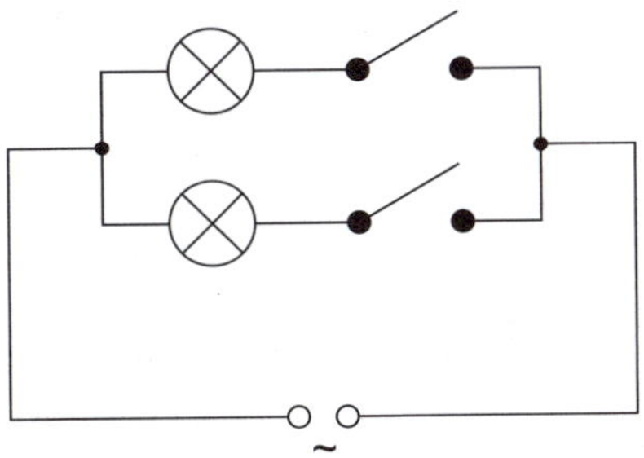

85 a) Beispiele für Schalter:
- Lichtschalter
- Einschaltknopf
- Klingel

b) Für Schalter gibt es diese drei Möglichkeiten der Anordnung:
- UND-Schaltung
- ODER-Schaltung
- WECHSEL-Schaltung

c) ODER-Schaltung:

S_1	S_2	L
0	0	0
1	0	1
0	1	1
1	1	1

UND-Schaltung:

S_1	S_2	L
0	0	0
1	0	0
0	1	0
1	1	1

86 a) Schaltskizze Wohnzimmer:
WECHSEL-Schaltung

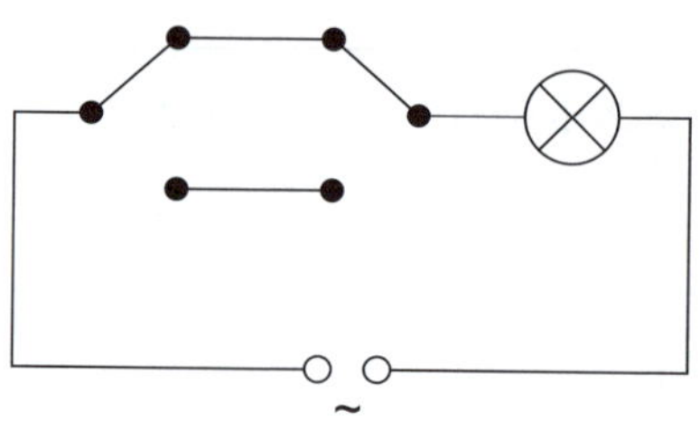

b) Schaltskizze Innenbeleuchtung:
ODER-Schaltung

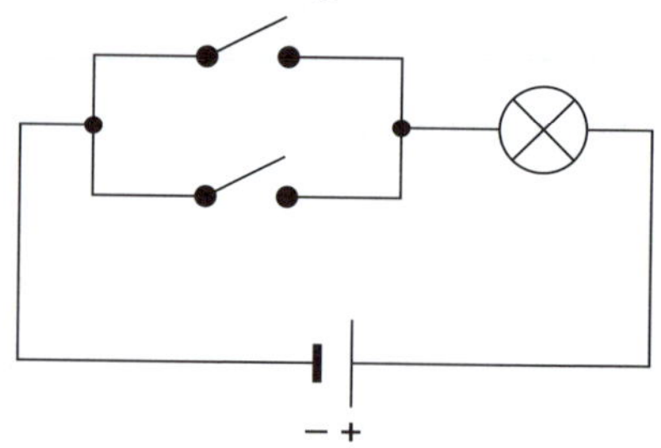

c) Schaltskizze Wasserkocher:
UND-Schaltung

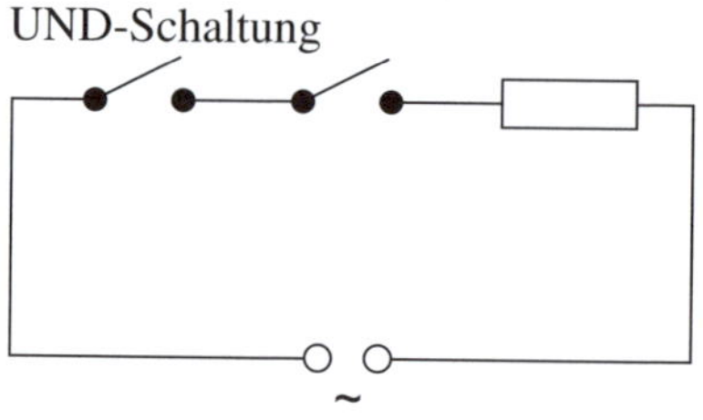

87 a) Leiter können den elektrischen Strom leiten, Nichtleiter hingegen nicht.

b) Schaltskizze:

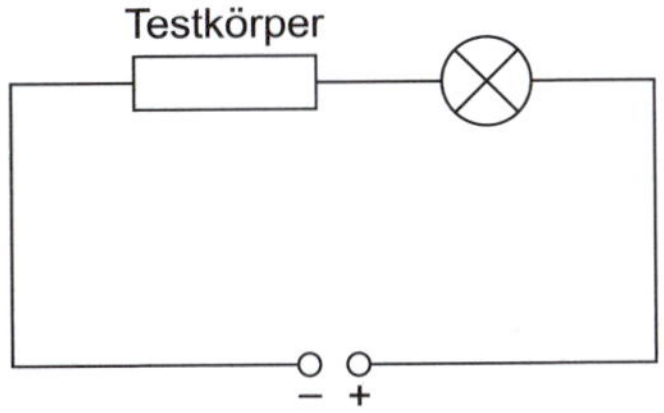

c) Beispiele für Leiter: Kupfer, Aluminium, Eisen
Beispiele für Nichtleiter: Kunststoff, Glas, Porzellan

d) Halbleiter sind Stoffe, deren Leitfähigkeit zwischen der von Leitern und Nichtleitern liegt. Das Element Silizium ist hierfür ein Beispiel.

88 a) Metalle bestehen aus ortsfesten Atomrümpfen (positiv geladen), die um ihre Ruhelage schwingen können, und freien Elektronen (negativ geladen).

b) Werden an einem Metall Plus- und Minuspol angelegt, bewegen sich die Elektronen unter dem Einfluss des elektrischen Felds zum Pluspol. Diese Bewegung wird Driftbewegung genannt.
Auf ihrem Weg prallen die Elektronen immer wieder gegen die schwingenden Atomrümpfe und werden dadurch behindert. Die Elektronen müssen laufend von der Elektrizitätsquelle beschleunigt werden.

c) Es handelt sich um Elektronenleitung.

d) Ionenleitung kann sich in Flüssigkeiten und Gasen ereignen.
In der Flüssigkeit müssen Ionen vorliegen, wie das in Salzlösungen, Säuren und Laugen der Fall ist.
In Gasen müssen ebenso Ionen vorliegen; das kann durch äußere Einwirkung mit Wärme oder ionisierender Strahlung erreicht werden.

89 Geg.: $Q = 2\,000\ \text{mAh}$; $t = 48{,}5\ \text{min}$
Ges.: I

$Q = 2\,000\ \text{mAh} \quad \Rightarrow \quad Q = 7\,200\ \text{C}$

$I = \frac{Q}{t}$

$I = \frac{7\,200\ \text{C}}{48{,}5\ \text{min}}$

$I = \frac{7\,200\ \text{C}}{48{,}5 \cdot 60\ \text{s}}$ 3 gültige Ziffern [TR: 2,474…]

$I = 2{,}47\ \frac{\text{C}}{\text{s}}$

$I = 2{,}47\ \text{A}$

90 Geg.: $I = 30{,}00\ A$; $t = 4\ h\ 35\ min$
Ges.: Q (in kC)

$t = 4\ h\ 35\ min \Rightarrow t = 275\ min$

$I = \frac{Q}{t} \Rightarrow Q = I \cdot t$

$Q = 30{,}00\ A \cdot 275\ min$

$Q = 30{,}00\ A \cdot 275 \cdot 60\ s$ — 3 gültige Ziffern [TR: 495 000]

$Q = 495 \cdot 10^3\ A \cdot s = 495 \cdot 10^3\ \frac{C}{s} \cdot s$

$Q = 495\ kC$

91 Geg.: $I = 10\ mA$; $n = 10^{18}$ (exakt); $e = 1{,}6022 \cdot 10^{-19}\ C$ (Formelsammlung)
Ges.: t

$Q = n \cdot e$

$Q = 10^{18} \cdot 1{,}6022 \cdot 10^{-19}\ C$ — 5 gültige Ziffern [TR: 0,16022]

$Q = 0{,}16022\ C$

$I = \frac{Q}{t} \Rightarrow t = \frac{Q}{I}$

$t = \frac{0{,}16022\ C}{10\ mA}$

$t = \frac{0{,}16022\ C}{0{,}010\ A}$ — 2 gültige Ziffern [TR: 16,022]

$t = 16\ \frac{C}{A} = 16\ \frac{C}{\frac{C}{s}} = 16\ C \cdot \frac{s}{C}$

$t = 16\ s$

92 a) Die magnetischen Feldlinien sind geschlossen und verlaufen konzentrisch um den stromdurchflossenen Leiter.

b) Ein Elektromagnet ist eine stromdurchflossene Spule mit einem Eisenkern.

c) Anwenden der Linke-Hand-Regel ergibt die Richtung der Magnetfeldlinien, die grau dargestellt sind. Beachte, dass die Magnetfeldlinien innerhalb der Spule vom Süd- zum Nordpol verlaufen.

(1)

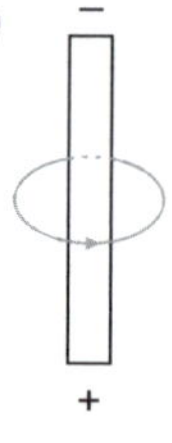

(2)

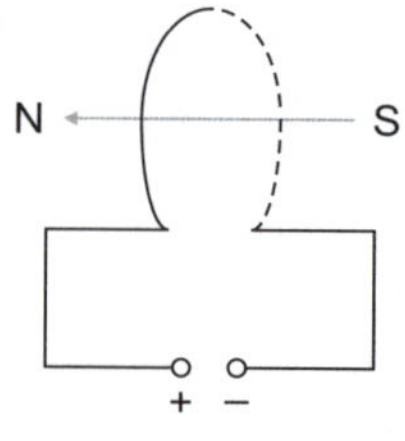

(3)

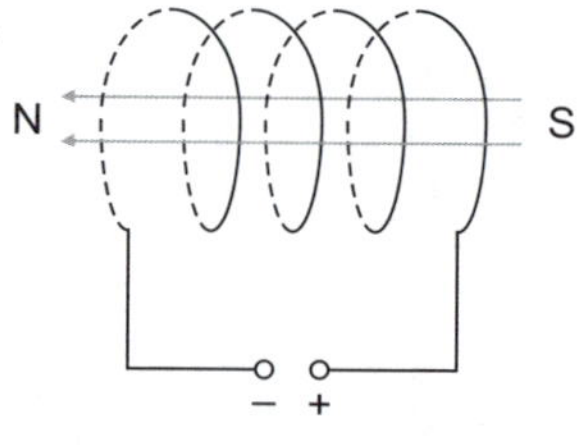

93 a) Folgende Vorgänge ereignen sich:
- Schließen des Schalters im Steuerstromkreis
- Strom fließt durch den Elektromagneten
- Elektromagnet besitzt Magnetfeld
- Elektromagnet zieht Anker an; Arbeitskontakte werden zusammengeführt, indem die Leitung am Gelenk abklappt.
- Laststromkreis ist geschlossen

b) Mit einem Relais können Stromkreise, in denen große Stromstärken auftreten, einfacher und sicherer geschlossen werden.

94 a) Die Lorentzkraft tritt bei bewegten Ladungen in einem Magnetfeld auf. Die Elektronenstromrichtung und die Magnetfeldrichtung dürfen nicht parallel sein.

b) Der Daumen, der Zeigefinger und der Mittelfinger werden so ausgerichtet, dass sie jeweils senkrecht zueinander stehen. Der Daumen zeigt in die Elektronenstromrichtung, und der Zeigefinger in die Magnetfeldrichtung. Der Mittelfinger gibt die Richtung der Lorentzkraft an.

c)

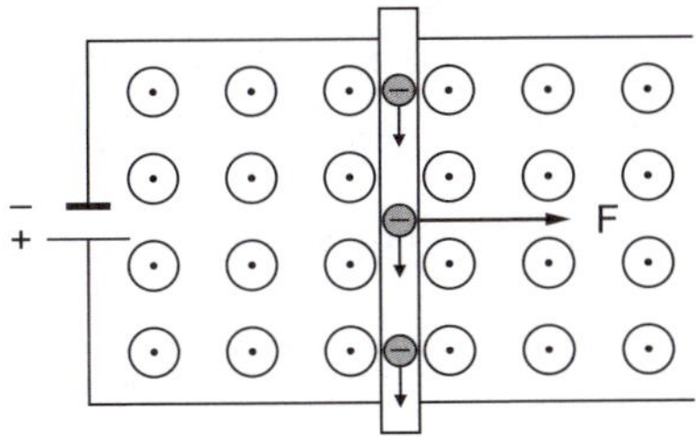

95 a)

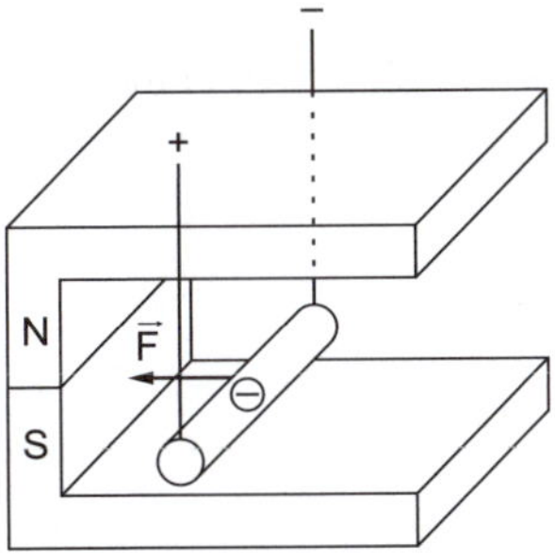

b)

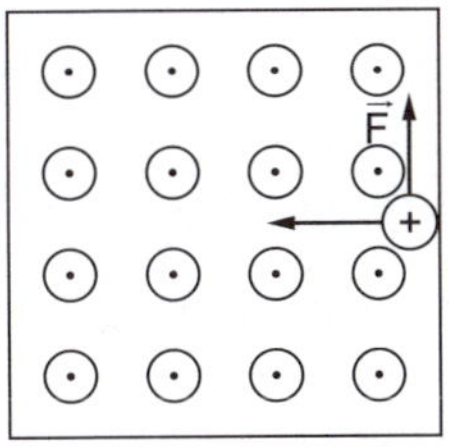

Wenn die Ladung positiv ist, muss der Daumen in die Gegenrichtung der positiven Ladungen zeigen.

c) 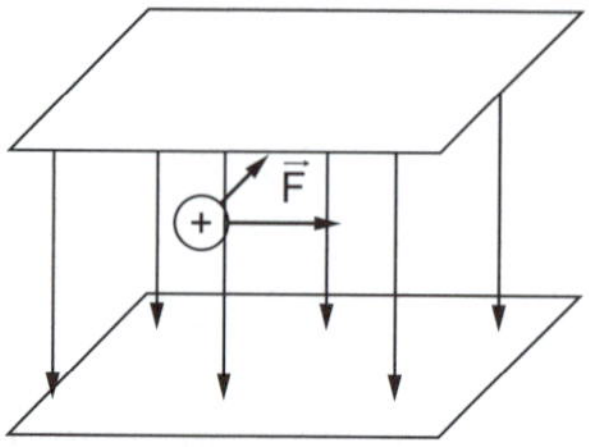

d) 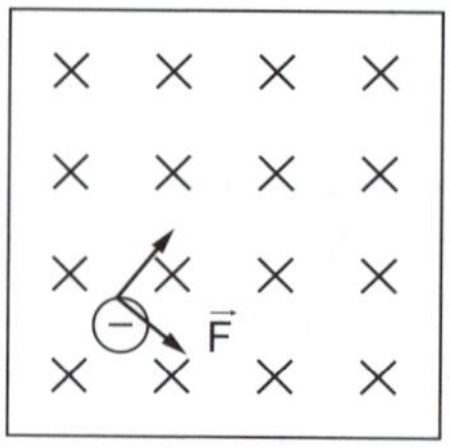

96 a) Die Spule bildet das dargestellte Magnetfeld aus. Damit stehen sich jeweils zwei magnetische Nordpole und zwei magnetische Südpole gegenüber. Die Abstoßung bewirkt eine Drehung im Uhrzeigersinn.

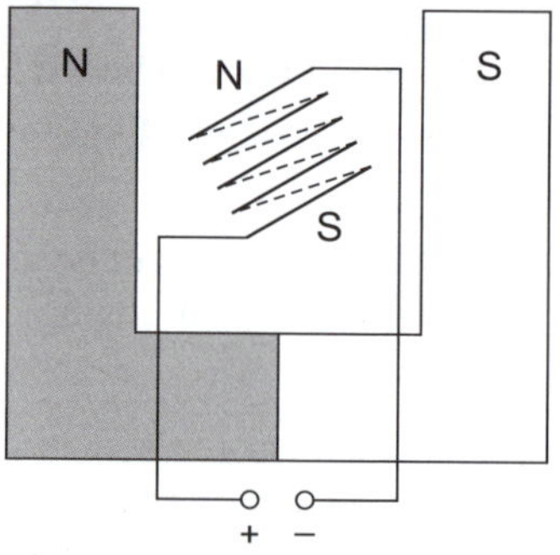

b) Mit einer Spule in einem Magnetfeld lässt sich ein maximaler Drehwinkel von 180° erzielen. Spätestens dann stehen sich ungleichnamige magnetische Pole gegenüber.

c) Folgende Veränderungen müssen vorgenommen werden:
- An die Spule wird ein Pfeil angebracht, der auf eine geeichte Skala weist.
- In die Spule muss ein Eisenkern gebracht werden.
- An der Spule wird eine Rückstellfeder befestigt.
- Die Pole der Elektrizitätsquelle werden durch Anschlüsse ersetzt.

97 a) Ein Elektromotor wandelt elektrische Energie in mechanische Energie um.

b) Die Hauptbestandteile eines Elektromotors sind der Stator (feststehender Magnet) und der Rotor (drehbare Spule).

c) Der Kommutator ist ein fester Teil des Rotors. Er besteht aus zwei metallischen Halbringen, die zueinander isoliert sind. Jeder Halbring ist mit einem Ende der Spule verbunden.

d) Anwendungen (Beispiele):
- CD-Player
- Waschmaschine
- Rührgerät
- Ventilator

98 a) Die beiden Aufgaben der Elektrizitätsquelle sind Ladungstrennung und Ladungsbeschleunigung.

b) Es gibt zum Beispiel diese Möglichkeiten:
- Reibung: mechanische Energie ⇒ elektrische Energie
- Solarzelle: Strahlungsenergie ⇒ elektrische Energie
- Generator: mechanische Energie ⇒ elektrische Energie
- Batterie/Akku: chemische Energie ⇒ elektrische Energie

c) Der elektrische Strom verrichtet im Energiewandler elektrische Arbeit. Es wird elektrische Energie in Strahlungsenergie (und innere Energie) umgewandelt.

d) Es gilt der Energieerhaltungssatz. Energie kann weder erzeugt noch vernichtet werden.

99 a) $E = 6{,}0\ \text{kWh}$

$E = 6{,}0\ \text{kWh} \cdot \frac{3{,}6\ \text{MJ}}{1\ \text{kWh}}$ 2 gültige Ziffern [TR: 21,6]

$E = 22\ \text{kWh} \cdot \frac{\text{MJ}}{\text{kWh}}$

$E = 22\ \text{MJ}$

b) $E = 9{,}00\ \text{MWh}$

$E = 9{,}00 \cdot 10^3\ \text{kWh}$

$E = 9{,}00 \cdot 10^3\ \text{kWh} \cdot \frac{3{,}6\ \text{MJ}}{1\ \text{kWh}}$ 3 gültige Ziffern [TR: 32 400]

$E = 32{,}4 \cdot 10^3\ \text{kWh} \cdot \frac{\text{MJ}}{\text{kWh}} = 32{,}4 \cdot 10^3\ \text{MJ}$

$E = 32{,}4\ \text{GJ}$

c) $E = 1{,}42\ \text{GJ}$

$E = 1{,}42 \cdot 10^3\ \text{MJ}$

$E = 1{,}42 \cdot 10^3\ \text{MJ} \cdot \frac{1\ \text{kWh}}{3{,}6\ \text{MJ}}$ 3 gültige Ziffern [TR: 394,4 ...]

$E = 394\ \text{MJ} \cdot \frac{\text{kWh}}{\text{MJ}}$

$E = 394\ \text{kWh}$

100 Geg.: $K = 1\,056{,}28\ €$; $z = 0{,}25\ \frac{€}{kWh}$ (exakte Werte)
Ges.: E

$K = z \cdot E \Rightarrow E = \frac{K}{z}$

$E = \frac{1\,056{,}28\ €}{0{,}25\ \frac{€}{kWh}}$ exakter Wert [TR: 4 225,12]

$K = 4\,225{,}12\ \frac{€}{\frac{€}{kWh}} = 4\,225{,}12\ € \cdot \frac{kWh}{€}$

$K = 4\,225{,}12\ kWh$

101 a) Die elektrische Spannung gibt an, wie viel elektrische Arbeit pro Ladung verrichtet wird. Man kann sagen, dass die elektrische Spannung ein Maß dafür ist, wie stark die Elektronen angetrieben werden.

b) Bei einer 9,0-V-Batterie können die Elektronen eine elektrische Arbeit verrichten, die sechsmal so groß ist wie bei einer 1,5-V-Batterie.

c) Die elektrische Spannung ist die Ursache für den elektrischen Strom und ein Merkmal einer Elektrizitätsquelle. Eine elektrische Spannung liegt an, egal ob der Stromkreis unterbrochen oder geschlossen ist.
Elektrischer Strom kann in einem Stromkreis jedoch nur fließen, wenn der Stromkreis geschlossen ist.

d) Bei einer Gleichspannung besitzen die Anschlüsse eine feste Polung. Bei einer Wechselspannung ändert sich die Polung zeitlich.

e) Das Spannungsmessgerät muss parallel zu der Elektrizitätsquelle oder dem Energiewandler geschaltet werden.

102 a) Geg.: $U = 9{,}0\ V$; $I = 0{,}80\ A$; $t = 1\ s$ (exakt)
Ges.: W_{el}

$I = \frac{Q}{t} \Rightarrow Q = I \cdot t$

$Q = 0{,}80\ A \cdot 1\ s$ 2 gültige Ziffern [TR: 0,8]

$Q = 0{,}80\ As$

$Q = 0{,}80\ C$

b) Es ist kein weiterer Energiewandler in Reihe geschaltet. Die gesamte anliegende Spannung fällt also an dem Energiewandler ab.

c) Geg.: $U = 9{,}0\ V$; $Q = 0{,}80\ C$
Ges.: W_{el}

$U = \frac{W_{el}}{Q} \Rightarrow W_{el} = U \cdot Q$

$W_{el} = 9{,}0\ V \cdot 0{,}80\ C$ — 2 gültige Ziffern [TR: 7,2]

$W_{el} = 7{,}2\ V \cdot C$ — $(1\ V = 1\frac{J}{C})$

$W_{el} = 7{,}2\ \frac{J}{C} \cdot C$

$W_{el} = 7{,}2\ J$

d) Geg.: $U = 9{,}0\ V$; $Q = e = 1{,}6022 \cdot 10^{-19}\ C$
Ges.: $W_{el,\,e}$

$W_{el,\,e} = U \cdot Q$; $W_{el} = U \cdot e$

$W_{el,\,e} = 9{,}0\ V \cdot 1{,}6022 \cdot 10^{-19}\ C$ — 2 gültige Ziffern [TR: $1{,}44\ldots \cdot 10^{-18}$]

$W_{el,\,e} = 1{,}4 \cdot 10^{-18}\ V \cdot C$

$W_{el,\,e} = 1{,}4 \cdot 10^{-18}\ J$

e) Geg.: $W_{el} = 7{,}2\ J$; $t = 1\ s$ (exakt)
Ges.: P_{el}
Die Leistung entspricht dem Quotienten von verrichteter Arbeit und Zeit.

$P_{el} = \frac{W_{el}}{t}$

$P_{el} = \frac{7{,}2\ J}{1\ s}$ — 2 gültige Ziffern [TR: 7,2]

$P_{el} = 7{,}2\ \frac{J}{s}$

$P_{el} = 7{,}2\ W$

103 a) Die Angabe 2 000 Watt bedeutet, dass 2 000 Joule elektrische Arbeit pro Sekunde verrichtet werden.

b) Geg.: $U = 230\ V$; $P_{el} = 2\,000\ W$
Ges.: I

$P_{el} = U \cdot I \Rightarrow I = \frac{P_{el}}{U}$

$I = \frac{2\,000\ W}{230\ V}$ — 3 gültige Ziffern [TR: 8,695…]

$I = 8{,}70\ \frac{W}{V} = 8{,}70\ \frac{V \cdot A}{V}$

$I = 8{,}70\ A$

c) Geg.: $P_{el} = 2\,000$ W; $W_{el} = 1$ kWh (exakt)
Ges.: t

$$P_{el} = \frac{W_{el}}{t} \Rightarrow t = \frac{W_{el}}{P}$$

$$t = \frac{1\,\text{kWh}}{2\,000\,\text{W}}$$

$$t = \frac{3{,}6 \cdot 10^6\,\text{J}}{2\,000\,\text{W}}$$ 4 gültige Ziffern [TR: 1800]

$$t = 1\,800\,\frac{\text{J}}{\text{W}}$$

$$t = 1\,800\,\frac{\text{Ws}}{\text{W}}$$

$$t = 1\,800\,\text{s} = 0{,}5\,\text{h}$$

Alternative Lösung:

$$t = \frac{1\,\text{kWh}}{2\,000\,\text{W}} = \frac{1\,\text{kWh}}{2{,}000\,\text{kW}} = 0{,}5000\,\frac{\text{kW} \cdot \text{h}}{\text{kW}} = 0{,}5000\,\text{h}$$

d) Geg.: U = 230 V; I = 16,0 A
Ges.: P_{el} (in kW)

$$P_{el} = U \cdot I$$

$$P_{el} = 230\,\text{V} \cdot 16{,}0\,\text{A}$$ 3 gültige Ziffern [TR: 3 680]

$$P_{el} = 3{,}68 \cdot 10^3\,\text{W}$$

$$P_{el} = 3{,}68\,\text{kW}$$

104 a) Schaltskizze:

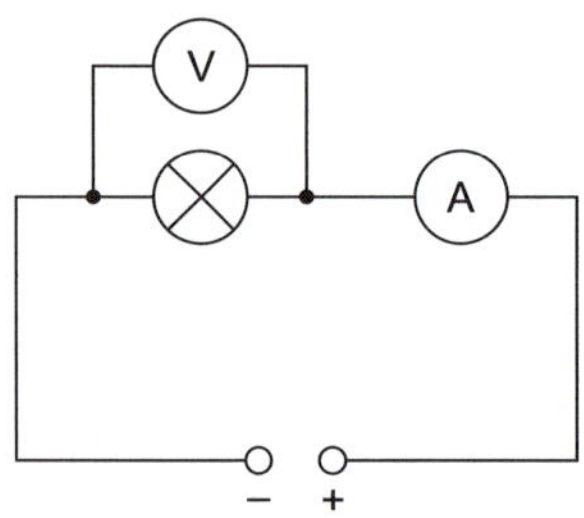

b) Aus den U-I-Wertepaaren kann man vermuten, dass eine indirekte Proportionalität zwischen den Größen vorliegt.

c)

U in V	3,0	6,0	12,0	24,0
I in A	2,0	1,0	0,50	0,25
I · U in A · V	6,0	6,0	6,0	6,0

Die Produktwerte von $I \cdot U$ sind (fast) gleich. $\Rightarrow$ Produktgleichheit
$\Rightarrow$ Indirekte Proportionalität zwischen I und U
Kurzschreibweisen: $I \cdot U = \text{const.}$ oder $I \sim \frac{1}{U}$

d) Die elektrische Leistungsaufnahme der Lämpchen beträgt 6,0 W.

105 a) Geg.: $P_{el} = 10{,}398\ \text{W}$; $I = 845\ \text{mA}$
Ges.: U

$P_{el} = U \cdot I \quad \Rightarrow \quad U = \frac{P_{el}}{I}$

$U = \frac{10{,}398\ \text{W}}{845\ \text{mA}}$

$U = \frac{10{,}398\ \text{W}}{0{,}845\ \text{A}}$ 3 gültige Ziffern [TR: 12,30…]

$U = 12{,}3\ \text{V}$

b) Geg.: $I = 845\ \text{mA}$; $Q = 5\,200\ \text{mAh}$
Ges.: t

$I = \frac{Q}{t} \quad \Rightarrow \quad t = \frac{Q}{I}$

$t = \frac{5\,200\ \text{mAh}}{845\ \text{mA}}$ 3 gültige Ziffern [TR: 6,153…]

$t = 6{,}15\ \text{h}$

c) Geg.: $P_{el} = 11{,}789\ \text{W}$; $U = 12{,}3\ \text{V}$
Ges.: I, t

$P_{el} = U \cdot I \quad \Rightarrow \quad I = \frac{P_{el}}{U}$

$I = \frac{11{,}789\ \text{W}}{12{,}3\ \text{V}}$ 3 gültige Ziffern [TR: 0,9584…]

$I = 0{,}958\ \text{A}$

$I = 958\ \text{mA}$

$t = \frac{Q}{I}$

$t = \frac{5\,200\ \text{mAh}}{958\ \text{mA}}$ 3 gültige Ziffern [TR: 5,427…]

$t = 5{,}43\ \text{h}$

106 a) Geg.: $U = 18{,}6$ kV; $I = 2{,}86$ kA
Ges.: P_{el} (in MW)

$P_{el} = U \cdot I$

$P_{el} = 18{,}6\ \text{kV} \cdot 2{,}86\ \text{kA}$

$P_{el} = 18{,}6 \cdot 10^3\ \text{V} \cdot 2{,}86 \cdot 10^3\ \text{A}$ — 3 gültige Ziffern [TR: 53 196 000]

$P_{el} = 53{,}2 \cdot 10^6\ \text{V} \cdot \text{A}$

$P_{el} = 53{,}2\ \text{MW}$

b) Geg.: $P_{el} = 53{,}2$ MW; $t = 60$ s (exakt)
Ges.: E_{el} (in GJ)

$P_{el} = \frac{E_{el}}{t} \Rightarrow E_{el} = P_{el} \cdot t$

$E_{el} = 53{,}2\ \text{MW} \cdot 60\ \text{s}$

$E_{el} = 53{,}2 \cdot 10^6\ \text{W} \cdot 60\ \text{s}$ — 3 gültige Ziffern [TR: 3 192 000 000]

$E_{el} = 3{,}19 \cdot 10^9\ \text{J}$

$E_{el} = 3{,}19\ \text{GJ}$

107 a) Es wird elektrische Energie in mechanische Energie (und innere Energie) umgewandelt.

b) Es ist kein weiterer Energiewandler in Reihe geschaltet. Die gesamte anliegende Spannung fällt also an dem Rührgerät ab.

c) Geg.: $P_{el} = 200$ W; $U = 230$ V
Ges.: I

$P_{el} = U \cdot I \Rightarrow I = \frac{P_{el}}{U}$

$I = \frac{200\ \text{W}}{230\ \text{V}}$ — 3 gültige Ziffern [TR: 0,8695…]

$I = 0{,}870\ \frac{\text{W}}{\text{V}} = 0{,}870\ \frac{\text{V} \cdot \text{A}}{\text{V}}$

$I = 0{,}870\ \text{A}$

d) Geg.: $P_{zu} = P_{el} = 200\ W$; $\eta = 78{,}0\ \%$

Ges.: P_{ab}

mechanische Leistungsabgabe

$$\eta = \frac{P_{ab}}{P_{zu}} \Rightarrow P_{ab} = \eta \cdot P_{zu}$$

$P_{ab} = \eta \cdot P_{zu}$

$P_{ab} = 78{,}0\ \% \cdot 200\ W$

$P_{ab} = 0{,}780 \cdot 200\ W$ 3 gültige Ziffern [TR: 156]

$P_{ab} = 156\ W$

thermische Verlustleistung

$P_{V,\,th} = P_{zu} - P_{ab}$

$P_{V,\,th} = 200\ W - 156\ W$ 0 gültige Nachkommastellen [TR: 44]

$P_{V,\,th} = 44\ W$

Sankey-Diagramm:

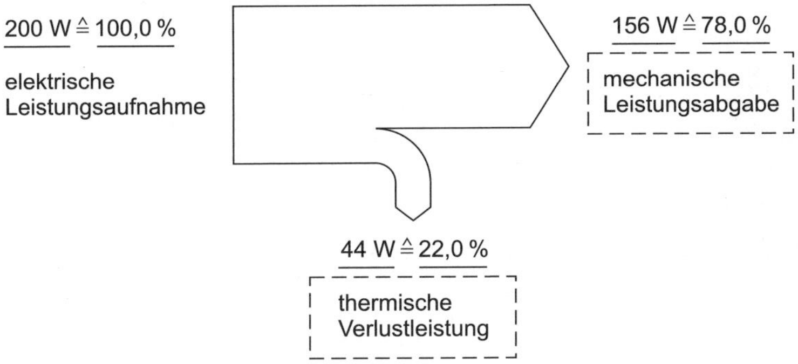

e) Geg.: $P_{el} = 200\ W$; 10 min

Ges.: W_{el} (in kJ)

$$P_{el} = \frac{W_{el}}{t} \Rightarrow W_{el} = P_{el} \cdot t$$

$W_{el} = 200\ W \cdot 10{,}0\ min$

$W_{el} = 200\ W \cdot 10{,}0 \cdot 60\ s$ 3 gültige Ziffern [TR: 120 000]

$W_{el} = 120 \cdot 10^3\ Ws = 120 \cdot 10^3\ J$

$W_{el} = 120\ kJ$

108 a) Die Glühemission ereignet sich bei beheizten Kathoden. Zudem muss eine bestimmte Mindesttemperatur erreicht sein.

b) Elektronenstrahlen sind gebündelte Strahlen aus Elektronen.

c) Die Ablenkung von Elektronenstrahlen ist durch elektrische oder magnetische Felder möglich.

109 a)

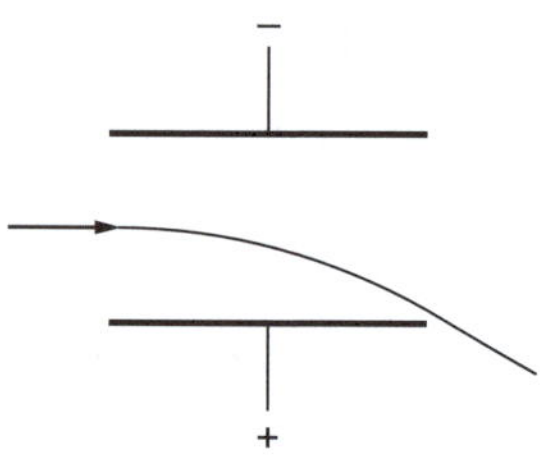

b)

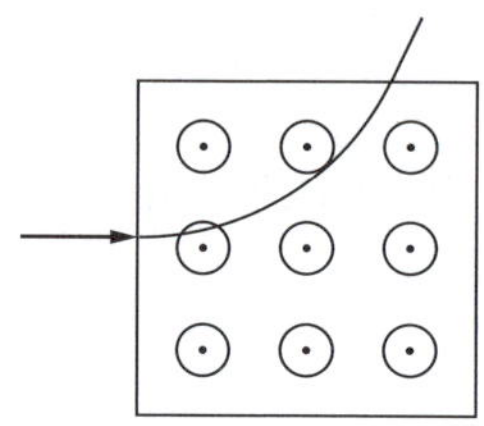

c)

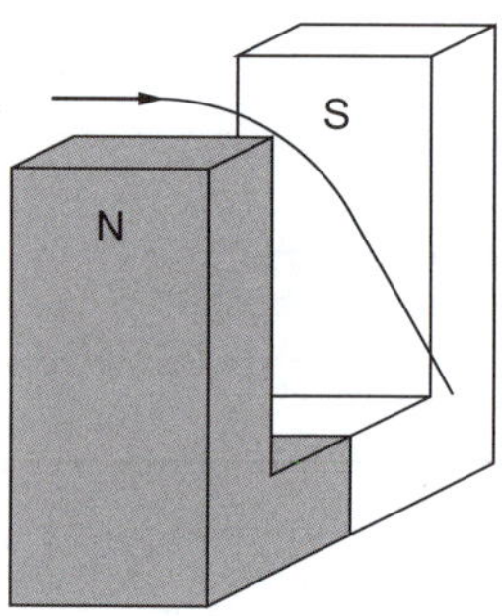

d)

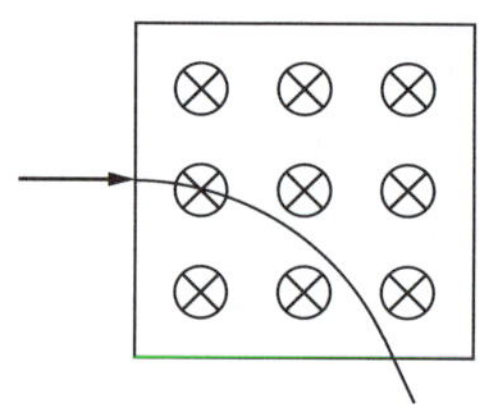

Anhang

1 Grundwissen Klasse 7 und 8

Größen und Einheiten

Ein **Größenwert** ist ein bestimmter Wert einer **physikalischen Größe**. Er setzt sich aus einem **Zahlenwert** und einer **Einheit** zusammen.
Für jede physikalische **Größe** gibt es ein international **festgelegtes Formelzeichen** und eine international **festgelegte Einheit** – die sogenannte **SI-Einheit**.

Für die Länge ist die SI-Einheit 1 Meter (1 m). Dazu gibt es das zu verwendende Formelzeichen ℓ.
Folgende physikalische Größen, Formelzeichen und Einheiten kennst du aus den bisherigen Jahrgangsstufen bzw. lernst du in der 9. Klasse kennen. Basisgrößen und -einheiten sind fett gedruckt.

Physikalische Größe	Formelzeichen	SI-Einheit	Umwandlung / andere Einheiten
Länge	ℓ	1 m	
Zeit	t	1 s	1 min = 60 s; 1 h = 60 min; 1 d = 24 h; 1 a = 365 d
Masse	m	1 kg	1 t = 10^3 kg
Elektrische Stromstärke	I	1 A (Ampere)	
Temperatur	T	1 K (Kelvin)	
Fläche	A	1 m^2	1 $km^2 = 10^6\ m^2$
Volumen	V	1 m^3	Liter: 1 ℓ = 1 $dm^3 = 10^{-3}\ m^3$ Milliliter: 1 mℓ = 1 $cm^3 = 10^{-6}\ m^3$
Dichte	ρ	$1\ \frac{kg}{m^3}$	$1\ \frac{g}{cm^3} = 1\ \frac{kg}{dm^3} = 1\ \frac{t}{m^3}$
Geschwindigkeit	v	$1\ \frac{m}{s}$	$1\ \frac{km}{h} = 3{,}6\ \frac{m}{s}$
Kraft	F	1 N (Newton)	
Druck	p	1 Pa (Pascal)	$1\ Pa = 1\ \frac{N}{m^2}$; 1 bar = 10^5 Pa

Energie, Arbeit	E, W	1 J (Joule)	$1\ \text{J} = 1\ \text{W} \cdot \text{s} = 1\ \text{N} \cdot \text{m}$ Kilowattstunde: $1\ \text{kWh} = 3{,}6\ \text{MJ}$
Leistung	P	1 W (Watt)	$1\ \text{W} = 1\ \frac{\text{J}}{\text{s}}$
Elektrische Ladung	Q	1 C (Coulomb)	$1\ \text{C} = 1\ \text{A} \cdot \text{s}$
Elektrische Spannung	U	1 V (Volt)	

Gültige Ziffern

Größenwerte sind keine exakten Angaben. Durch die begrenzte Anzahl an Ziffern des Zahlenwertes wird die Genauigkeit des Größenwerts ausgedrückt. Beispielsweise wurde der Wert 1,50 m auf Zentimeter genau gemessen und darf nicht mit 1,5 m oder 1,500 m gleichgesetzt werden.

Die Anzahl an Ziffern, aus denen die Maßzahl eines Größenwertes besteht, wird **gültige Ziffern** genannt.
Führende Nullen zählen nicht dazu.

Beim Umrechnen eines Größenwerts in eine **andere Einheit** bleibt die Anzahl der gültigen Ziffern erhalten.
Bei der **Addition** und Subtraktion bestimmt der Größenwert mit der schlechtesten Messgenauigkeit, also der geringsten Anzahl an **Nachkommastellen**, die Genauigkeit des Ergebnisses.
Bei der **Multiplikation** und Division bestimmt der Größenwert mit der geringsten Anzahl an **gültigen Ziffern** die Anzahl der gültigen Ziffern im Ergebnis.
In diesem Buch werden bei Berechnungen stets die Anzahl der gültigen Ziffern und die Taschenrechneranzeige in eckigen Klammern [TR:] angegeben, bevor das Ergebnis dargestellt ist.

Zusammenhänge zwischen Größen

Wird eine Größe b **in Abhängigkeit** von der Größe a untersucht, so können sich unter anderem folgende Zusammenhänge ergeben.

Zusammenhang	Direkte Proportionalität	Indirekte Proportionalität
Kennzeichen	Verdoppelung von a $\Rightarrow$ Verdoppelung von b	Verdoppelung von a $\Rightarrow$ Halbierung von b
Grafische Auswertung	Im b-a-Diagramm: Die Punkte liegen (fast) auf einer **Ursprungsstrecke**.	Im b-a-Diagramm: Die Punkte liegen (fast) auf einem **Hyperbelast-Abschnitt**.

Numerische Auswertung	Die Werte der Quotienten $\frac{b}{a}$ sind (fast) gleich. ⇒ **Quotientengleichheit**	Die Werte der Produkte $a \cdot b$ sind (fast) gleich. ⇒ **Produktgleichheit**
Schreibweise	$\mathbf{b \sim a}$	$\mathbf{b \sim \frac{1}{a}}$
Sprechweise	b ist proportional zu a.	b ist indirekt proportional zu a.

Hinweise: Wird die Größe b in Abhängigkeit von der Größe a untersucht, so ist bei der grafischen Auswertung ein b-a-Diagramm zu zeichnen, d. h., b wird auf der y-Achse und a wird auf der x-Achse angetragen.
Ein Hyperbelast-Abschnitt ist nur schwer zu erkennen und darf somit nicht als Beweis für eine indirekte Proportionalität herangezogen werden.

Grundwissen zur Mechanik

Teilchenmodell

> Das Teilchenmodell besagt, dass jeder Körper aus kleinsten Teilchen aufgebaut ist. Die Teilchen sind in ständiger Bewegung, zwischen ihnen gibt es Bindungskräfte.

Mit diesem Modell lassen sich physikalische Phänomene wie Aggregatzustand, Druck und Temperatur erklären.

Masse – Formelzeichen: m; SI-Einheit: 1 kg

> Die Masse ist ein grundlegendes Merkmal eines Körpers. Mit ihr sind die Eigenschaften Trägheit und Gravitation verbunden: Die Masse bestimmt die Trägheit eines Körpers, also seinen Widerstand gegenüber Bewegungsänderungen.
> Die Masse ist die Ursache für die Gravitation. Zwei Körper ziehen sich aufgrund ihrer Massen gegenseitig an.

Im Alltag wird die Masse oft „Gewicht" genannt; in der Physik wird dieser Ausdruck nicht verwendet.

Dichte – Formelzeichen: ρ; SI-Einheit: $1\,\frac{kg}{m^3}$

> Die Dichte gibt an, wie groß für einen Körper die Masse pro Volumeneinheit ist. Man berechnet die Dichte, indem man die Masse durch das zugehörige Volumen teilt:
> $\rho = \frac{m}{V}$

Kraft – Formelzeichen: F; SI-Einheit: 1 N (Newton)

> Die Kraft ist die Ursache dafür, dass sich die Bewegung eines Körpers ändert oder dass sich die Form eines Körpers ändert. Die drei Bestimmungsstücke einer Kraft sind Betrag, Richtung und Angriffspunkt.

Es gibt verschiedene Arten von Kräften, z. B.: Gewichtskraft, Auftriebskraft, Reibungskraft, elektrische Kraft, magnetische Kraft.

Energie – Formelzeichen: E; SI-Einheit: 1 J (Joule)

> Energie ist die in einem System gespeicherte Fähigkeit, bestimmte Änderungen bewirken zu können, z. B. einen Körper zu beschleunigen. Man kann auch sagen, Energie ist die Fähigkeit, Arbeit zu verrichten.
> Es gibt vier wesentliche Aspekte der Energie: Energieerhaltung, Energieumwandlung, Energieentwertung und Energietransport.

Es gibt verschiedene Energieformen, z. B.: mechanische Energie, elektrische Energie, Strahlungsenergie, chemische Energie, innere Energie.
Die potenzielle Energie kann so berechnet werden: $E = m \cdot g \cdot h$

Arbeit – Formelzeichen: W; SI-Einheit: 1 J (Joule)

> Werden bei einem Vorgang Energieformen ineinander umgewandelt, so kann man auch sagen, dass Arbeit verrichtet wird. Die umgewandelte Energie wird Arbeit genannt.

Je nachdem um welche Energieumwandlung es sich handelt, unterscheidet man folgende Formen der Arbeit, z. B. Verformungsarbeit, Hubarbeit, Beschleunigungsarbeit, Reibungsarbeit, elektrische Arbeit.

Leistung – Formelzeichen: P; SI-Einheit: 1 W (Watt)

> Die Leistung gibt an, wie viel Arbeit pro Zeiteinheit verrichtet wird. Man kann auch sagen, die Leistung gibt an, wie viel Energie pro Zeiteinheit umgesetzt wird. Berechnet wird die Leistung als Quotient von verrichteter Arbeit W bzw. umgesetzter Energie E und erforderlicher Zeit t:
> $P = \frac{W}{t}$ $P = \frac{E}{t}$

Wirkungsgrad – Formelzeichen: η („eta"); einheitenlos

Der Wirkungsgrad gibt an, welcher Anteil an zugeführter Leistung/ Energie in die gewünschte Form umgewandelt werden kann. Der Wirkungsgrad ist also ein Gütekriterium für Energieumwandlungen.
Man berechnet den Wirkungsgrad durch Quotientenbildung von Leistungsabgabe und Leistungszufuhr (oder Energieabgabe und Energiezufuhr).

$\eta = \frac{P_{ab}}{P_{zu}}$ $\eta = \frac{E_{ab}}{E_{zu}}$

Zur Veranschaulichung von Energieumwandlungen kann man sogenannte **Sankey-Diagramme** verwenden.

Druck – Formelzeichen: p; Einheit: 1 Pa (Pascal)

Wirkt auf eine Fläche eine Kraft, so liegt ein Druck vor. Der Druck lässt sich als Quotient von Kraft F und Fläche A berechnen:

$p = \frac{F}{A}$

2 Stichwortverzeichnis

Bildnachweis

Umschlagbild: © Steve Cukrov/Shutterstock.com
S. 1: © Leah-Anne Thompson/Shutterstock.com
S. 2: © koldunova – Fotolia
S. 6: © Martin Nikolaev/MAREdesign
S. 8: © hayo – Fotolia
S. 11: © Trevor Clifford. Pearson Education Ltd
S. 12: © Xseon/Shutterstock.com; S. 15: © Autor
S. 17: © Suppakij1017/Shutterstock
S. 21: © hecke61/Shutterstock.com
S. 25: © R. Gino Santa Maria/Shutterstock.com
S. 26: © hxdbzxy/Shutterstock
S. 29: © michaelaw/sxc.hu
S. 32: © dream designs/Shutterstock
S. 33: © baranq/Shutterstock.com; © Fotograf: Gerritse, lizenziert unter cc-by-2.0. URL: http://upload.wikimedia.org/wikipedia/commons/b/b4/Heliumballon2.jpg?uselang=de
S. 37: © Shcherbakov Ilya/Shutterstock
S. 38: © 123rf.com/aberration
S. 40: © Photobankch/Dreamstime.com
S. 42: © higyou. Shutterstock
S. 44: © Sozaijiten
S. 48: © Africa Studio/Shutterstock.com
S. 52: © Alan Smillie/Shutterstock.com
S. 58: © Andrey Popov/Shutterstock
S. 59: Fotograf: Ken Bosma, lizenziert unter cc-by-2.0. URL: http://upload.wikimedia.org/wikipedia/commons/7/71/Static_slide.jpg
S. 62: © Balazs Kovacs Images/Shutterstock.com
S. 72: © Tony Campbell/Shutterstock.com
S. 75: © cristi180884/Shutterstock
S. 76: © Pelfophoto/Shutterstock.com
S. 78: © MIGUEL GARCIA SAAVEDRA/Shutterstock
S. 79: © Igor Kovalchuk/Shutterstock
S. 82: © 123rf.com/demarco
S. 84: © Ilizia/Shutterstock.com
S. 86: © Chalermsak/Shutterstock.com
S. 89: BMW Group
S. 94: © olegbush/Shutterstock.com
S. 95: © Gerhard Seybert – Fotolia.com
S. 99: © djama – Fotolia.com
S. 103: © 123rf.com/Arina Zaiachin
S. 104: © ostill/Shutterstock